数控机床
热稳健性精度
理论及应用

苗恩铭　刘　辉　魏新园◎著

重庆大学出版社

内容提要

数控机床热误差补偿控制技术是数控装备智能化的重要环节,通过智能感知和建模预测,进而实现数控机床精度和性能的提升,是智能制造的核心技术。其中模型的稳健性特性是评估数控机床热误差补偿控制技术在复杂的制造环境中真正工作的重要评估指标,是本领域研究的前沿和热点。本著作以典型的三轴数控加工中心为研究对象,系统地介绍了笔者在该领域十多年的研究成果,讨论了数控机床热误差补偿模型的稳健性建立过程,综合考虑温度敏感点选择、算法优化、工艺参数等多种因素耦合机理,研究科学的稳健性建模工程试验方法和热误差补偿模型功效的评估准则,建立系统的稳健性精度理论和应用方法,解决数控机床热误差补偿控制技术瓶颈背后的多因素耦合热稳健性理论中的系列问题,以期促进数控机床热误差补偿控制技术的进一步发展。本著作可供数控机床、智能制造等领域的研究人员参考。

图书在版编目(CIP)数据

数控机床热稳健性精度理论及应用/苗恩铭,刘辉,
魏新园著. -- 重庆:重庆大学出版社,2019.12
ISBN 978-7-5689-1960-9

Ⅰ.①数… Ⅱ.①苗… ②刘… ③魏… Ⅲ.①数控机
床—精度—研究 Ⅳ.①TG659.021

中国版本图书馆 CIP 数据核字(2020)第 002334 号

数控机床热稳健性精度理论及应用
SHUKONG JICHUANG REWENJIANXING JINGDU LILUN JI YINGYONG

苗恩铭 刘 辉 魏新园 著
责任编辑:杨粮菊 版式设计:杨粮菊
责任校对:王 倩 责任印制:张 策

*

重庆大学出版社出版发行
出版人:饶帮华
社址:重庆市沙坪坝区大学城西路 21 号
邮编:401331
电话:(023)88617190 88617185(中小学)
传真:(023)88617186 88617166
网址:http://www.cqup.com.cn
邮箱:fxk@ cqup.com.cn(营销中心)
全国新华书店经销
重庆市国丰印务有限责任公司印刷

*

开本:720mm×960mm 1/16 印张:12.25 字数:222 千
2019 年 12 月第 1 版 2019 年 12 月第 1 次印刷
ISBN 978-7-5689-1960-9 定价:68.00 元

前 言

　　21 世纪的智能装备高速发展,信息技术和电子技术等多学科技术的融合,形成了装备智能化特征,其精度要求也越来越高。针对装备精度影响因素的分析和误差的克服,科研人员一直不遗余力地给予研究。温度对装备精度影响权重之大,且热变形又具备时变性和非线性特征,涉及多学科领域,故已成为装备精度方面研究的重点。现今国际科研人员在精度理论研究方面已获得了诸多成果,但同时也带出了新难点,尤其是精密装备中的热稳健性精度问题,无论是在理论研究还是在工程应用方面都是关键的和复杂的。

　　对此,著者带领学科组历时 20 多年,在国家自然科学基金重大项目(51490660/51490661)、国家自然科学基金项目(51175142/E051102)、国家重大专项(2009ZX04014-023)、国家重点研发项目(2019YFB1703700),以及诸多省部级项目和企业项目的支持下,系统地研究了智能数控机床热稳健性精度理论及其应用技术,并在企业中进行了应用验证。著者汇集了本人已发表的相关论著和研究成果,并参考了国内外文献写成此著作。著作明确了热稳健性的基本定义,深入论述了数控机床热稳健性精度理论及其应用技术、数控机床热误差特性、热误差稳健性建模算法等内容。

1

本著作由苗恩铭主持撰写及修改定稿，刘辉博士、魏新园博士分别撰写部分章节，同时研究生戚玉海、刘昀晟、郑克非、陈阳杨、彭昊等在成稿过程中也做了诸多工作，在此一并感谢。感谢著者导师费业泰教授多年来的支持和鼓励，他对本著作研究成果给予了充分关注和肯定，促进了研究的持续深入发展。

由于机械热精度理论与应用涉及传热学、误差理论、计量学、热弹性理论等多学科领域，内容深入而广泛，本著作内容仅为该领域其中一部分，研究成果难免有不全之处，仅起抛砖引玉之用。

本著作可作为科研人员、工程技术人员以及研究生等在精度理论、数控机床误差建模等方面的教材和参考书。

此书著成之时，恰逢重庆理工大学建校80周年，在此感谢重庆理工大学长期给予的支持。

著　者

2019 年 10 月

目录

1

绪　论

1.1　数控机床热精度理论研究的意义

数控机床是现代制造业的基石,它的性能直接关系到整个制造业的发展方向。2013 年,工业"4.0"高科技战略计划在汉诺威工业博览会上被德国正式推出。2016 年,中国也在《中华人民共和国国民经济和社会发展第十三个五年规划纲要》中提出要深入实施《中国制造 2025》计划,培育推广新型智能制造模式,促进制造业朝高端、智能、绿色、服务方向发展,推动生产方式向柔性、智能、精细化转变。数控机床精度理论的研究一直是重点研究领域。

热变形误差是数控机床的最大误差源,并且热误差所占数控机床全误差比例随着机床精密度的提高而增大,尤其在精密加工中,热误差占机床总误差的 40% ~ 70%,因此,减小热误差对提高精密机床的加工精度具有重要意义。

机床热特性的研究始于1933 年,瑞士发现了机床热变形是影响定位精度的主要因素之一。之后世界各国对机床热变形展开了广泛而深入的研究。研究初期,各国学者对机床热误差的研究重点放在热误差的避免上,试图用解析和数字(有限元)方法来计算机床结构的热膨胀与热变形,进而改进机床结构,提高机床精度。然而,由于机床本身的结构及制造的限制,单靠改善机床结构无法有效补偿数控机床在加工过程中产生的误差。于是,各国学者开始把注意力放在热误差的补偿上,以试验为基础建立热误差的统计学模型。著名的国际生产工程科学院(CIRP,The International Academy for Production

Engineering）在 1990 到 1995 年连续专题论述温度对机床加工精度的影响。在 2012 年 CIRP Annals Manufacturing Technology 期刊中，包括美国的国家标准与技术研究院（NIST）、德国 Aachen 大学、德国的联邦物理技术研究所（PTB）等 10 位著名的数控机床研究专家共同撰写了《Thermal issues in machine tools》一文，总结了数控机床热误差补偿技术研究 20 年的进展，论述了热误差随着时间的推移影响日益严重的问题，呼吁各国学者给予深入研究。截至目前，国内和国际皆有热误差补偿效果的机床产品相继展出。

目前，减小热误差常见的有两种方法，分别称为热误差防止法（"硬方法"）和热误差补偿法（"软方法"）。两种方法减小热误差的具体措施如图 1-1 所示。

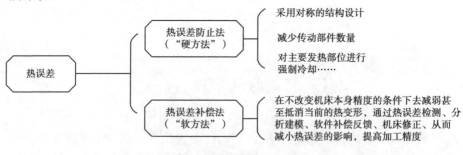

图 1-1　减小热误差常用方法

在机床设计制造阶段实施热误差防止法（"硬方法"），其本质是限制或消除误差影响因素，从而实现装备精度的提升。如通过改进结构设计、环境温度控制、装备热源冷却控制等方式降低主要热源对精度的影响。该方法大多应用于产品设计阶段，也是热误差补偿法（"软方法"）的基础。

热误差补偿法（"软方法"）是根据误差影响规律，针对现有的机床结构，在不改变机床本身精度的条件下，去减弱甚至抵消当前的热变形来提高装备精度。常通过对数控机床热误差进行检测、分析、研究建立热误差补偿模型，并将模型嵌入补偿控制器，实时在线信息采样和补偿模型运算，输出信号控制伺服系统反向运行，最终实现误差补偿控制。

与热误差防止法（"硬方法"）相比，热误差补偿法（"软方法"）主要有以下两点优势：

①采用热误差补偿法可以进一步大幅提升"硬方法"无法实现的精度水平。"软方法"是指采用软件技术人为地制造出一种新的误差去抵消当前成为问题的原始误差，当硬件的加工已经接近能达到的极限水平，采用该方法仍然可以进一步消除原始误差中的系统分量，激发数控机床精度所能达到的潜能。

②在满足一定精度要求的情况下,热误差补偿法可以大大降低仪器和制造设备的成本,具有非常显著的经济效益。尤其对已有机床的精度再提升,工程意义较为显著。

总的来说,两种方法的核心均是深入掌握误差形成的机理,建立准确的误差预测模型,根据工程需要进行精度的提升。

1.2 数控机床热稳健性精度理论概述

本著作重点论述数控机床热误差补偿控制技术,通过智能感知和建模预测,实现数控机床的精度和性能提升。在建立准确的预测模型时,有必要了解机床热误差影响因素的本质。数控机床热误差常被理解为机床受环境和电机等热源影响,机械结构发生简单热膨胀而产生的误差。这种对机床热误差的理解较表面,因为机床是复杂装备,由众多零件构成。温度发生变化后,机床加工精度是由各部件运动组合形成,而各部件运行的精度则是受各组成零件变形影响所导致的综合结果。同时,切削时温度变化导致的材料属性也偏离预设模型参数。结合切削力等影响和零件热变形所具备的非相似性特征,此时温度引起的误差已不能仅通过机械单体结构热变形来预测。所以,数控机床的热变形本质是因温度变化引起的数控机床加工精度误差的综合,通过机械单体结构简化模型来预测数控机床热误差的预测值会较大地偏离误差真值。热误差预测模型的建立需要充分考虑各种工况下的影响因素,仅考虑单一或部分因素对精度的影响,而忽略了工况方面的一些重要因素,如机床运行参数的变化、机床切削空间位置的不同、实切和空转的数据采样方案等,建立的预测模型往往在工程实践中的复杂工况下会出现补偿效果与实验室补偿效果差异较大的情况,而失去了工程应用价值。这种模型的稳健性较差,其可适用范围较窄。相反,所建的预测模型对多个误差影响因素的存在,仍能保持预测精度在有效的范围内,相对于前者的补偿效果,这种模型预测的稳健性强。显然,所建预测模型适用的误差影响因素越多,越贴近数控机床工况,其预测模型的稳健性越优良。模型稳健性可以定义为预测模型在保持预测精度的基础上,对预测模型所能适用条件和范围程度的一种评判。

稳健性(Robust)最早由 G. E. P. Box 提出,在他的著作《Permutation Theory in the Derivation of Robust Criteria and the Study of Departures from Assumption》中,他给稳健性的定义:insensitive to changes in extraneous factors not under test(对未经测试的外来因素的变化不敏感)。

稳健性这一概念在提出之后受到了统计、生物、生态、物理、工程、社会学界的广泛关注和重视,在不同的语境下,稳健性具有不同的含义。根据圣菲研究所的收集,目前,研究人员提出的定义达17个。他们的目标很明确,不是为了达到用法一致,也不是约束不同领域的研究者对这个术语的使用,而是为了探究稳健性含义的范围,并希望能够改进。以下列举其中的几个定义:

①对于计算机系统,稳健性是一个系统或组件在出现不正确的或矛盾的输入时能够正确运行的程度。

②对于生物系统,稳健性是那些具有恢复、自我修复、自控制、自组装、自我复制能力的系统所具有的特性。

③对于网络和生态系统,稳健性是一个系统即使面临着内部结构或外部环境的改变时,也能够维持其功能的能力。

④对于面向对象的软件构造,稳健性是软件在非正常环境下(也就是在规范外的环境下,包括新平台、网络超载、内存故障等)做出适当反应的能力。

本著作所讨论的数控机床热稳健性精度,更多的是针对建立的数控机床热误差预测模型而言的。

另外,对数控机床误差模型的预测精度还需要进行一些概念上的说明,就是模型的拟合精度和模型的预测精度的定义。模型的拟合精度是指通过历史数据建立的模型对误差的预测值与历史误差真值之间的偏差程度。模型的预测精度是指通过历史数据建立的模型对误差的预测值与未来发生的实际误差真值之间的偏差程度。偏差越大,则模型的预测精度越低。显然,模型的拟合精度常常高于预测精度,但两者存在着本质上的区别。有些研究人员误把拟合精度当作预测精度来使用,这对工程应用来说是毫无意义的。根据模型预测精度的效果,可分为模型准确度、模型精密度和模型精确度。模型准确度反映模型预测结果中系统误差的影响程度。系统误差影响小,模型预测结果准确度高。精密度是反映测量结果中随机误差的影响程度。随机误差影响小,则模型预测结果的精密度高。精确度是反映测量结果中系统误差和随机误差综合的影响程度,其定量特征可用测量的不确定度(或极限误差)来表示。模型预测结果的系统误差和随机误差都小,则模型预测精确度高。需要强调的是,系统误差和随机误差是相对的,随着研究越深入,则误差中属于系统误差的因素就越多;相反,则属于随机误差的因素增加。随机误差是难以通过建立预测模型给予精确预测的,常通过统计算法给出个误差范围区间,同时这个范围的区间也受模型预测稳健性的限制。所以,模型精确度的实现,必要条件就是尽可能地减少随机误差的种类和数量,而这和研究的深入程度密切相关。随着研究程度越深入,过去被归入随机误差范畴的一些影响因素逐渐被发现了运行规律,成为系统误差,就可以采用数学函数来表达,模型的精确度自然会相应地提升。

建立的任何预测模型总有其适用范围,这个范围就是实验的真实环境和状态。超出这个实验所包含的范围,模型是否仍能保证预测精度的有效性则是未知的。模型预测精度与精度稳健性密不可分,精度的稳健性涉及模型适用范围的具体内容。这个模型的稳健性参数常常被忽略,但这直接影响预测模型的工程有效性,所以研究人员对于模型的稳健性特性应该给予足够的重视。

预测模型的稳健性特性是评估数控机床热误差补偿控制技术能否在企业复杂制造环境中真正工作的重要指标。本著作以典型的三轴数控加工中心为研究对象,系统地介绍了著者在该领域近 20 年的研究成果,讨论了数控机床热误差补偿模型的稳健性建立过程,综合考虑温度敏感点选择、算法优化、工艺参数等多种因素耦合机理,研究科学的稳健性建模工程试验方法和热误差补偿模型功效的评估准则,建立系统的稳健性精度理论和应用方法,解决数控机床热误差补偿控制技术瓶颈背后的多因素耦合热稳健性理论中系列问题,以期促进数控机床热误差补偿控制技术的进一步发展,起到抛砖引玉的作用。

2

数控机床与精度

❖❖

　　人类的进步和发展离不开制造水平的逐渐提高。机床的作用在于将各种原材料按照人类的想法加工成特定的形状,早在 2000 多年前,人类已经发明了最简单的树木车床,如图 2-1 所示。

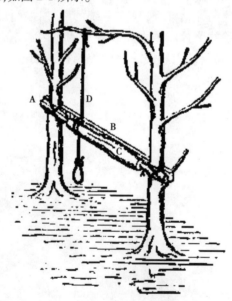

图 2-1　树木车床

　　树木车床在树枝上挂一根绳子,绳子中间缠绕一根待加工的木材,绳子最下方是一个脚踏环。加工时,加工者用脚踩脚踏环,绳子下拉时带动木材旋转,同时,加工者手持贝壳、石块等硬物作为刀具,对木材进行切削。从这种原始动力的古老技术中可以看出机床结构的雏形,如图 2-2 所示。

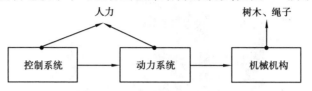

图 2-2　树木车床的结构组成

原始的树木车床依托简单的树木和绳子作为机械结构,通过人脑发送控制指令,四肢作为动力系统执行指令,控制机械结构产生特定运动实现加工,这种以人力为主的古老加工技术却奠定了机床的核心功能系统,被保留并沿用千年。其间,机床的结构和动力系统不断得到改进。17 世纪,英国发明家詹姆斯·瓦特(James Watt,1736—1819)发明的蒸汽机,以及 18 世纪迈克尔·法拉第(Michael Faraday,1791—1867)发明的电动机均使得机床动力得到了质的提升,但机床脱离不了人工操作的工作模式一直没有得到改变。直到第二次世界大战结束后,美国发明家约翰·帕森斯(Talcott Parsons,1902—1979)为了解决飞机螺旋桨叶剖面轮廓板叶的加工问题,在美国军方和麻省理工学院的合作帮助下,于 1952 年采用大量电子管原件制作出了世界上第一台可自动加工的机床,标志着机床进入了数控机床的时代。之后,数控机床技术飞速发展,第一台采用晶体管和印刷电路板的数控机床诞生,并实现了自动换刀功能,这台机床也被称为数控加工中心,标志着数控装置进入了第二代。1965 年,采用集成电路的第三代数控机床诞生,体积更小,功耗更低,可靠性也得到了提升。20 世纪 60 年代末,出现了小型计算机作为数控系统的第四代数控机床。1974 年,使用微处理器和半导体存储器的第五代微型数控系统诞生。20 世纪 80 年代初,可自动编程的人机对话式数控系统诞生,基本确定了现阶段数控机床的核心部件功能。

数控机床的出现对工业发展的推动作用是划时代的,如图 2-3 所示为德国计得美公司(DMG)生产的 CMX 50U 型号数控加工中心,加工人员只需将加工程序输入数控系统,机床即可自动完成加工工作,故使得机械加工从体力劳动变成脑力劳动。

目前,机床加工已经实现高度自动化,如图 2-4 所示为智能化工厂生产流程。机械生产从原材料的投放到零件的加工、装配、检验,再到包装成型、发货均由计算机控制机器自动完成,并且所有设备的状态信息均上传至网络,便于远程监控和管理,从而实现连续 7 天 24 小时无人连续加工。

图2-3　DMG公司生产的CMX 50U型号数控机床

图2-4　智能工厂生产流程

　　除了自动化程度非常高以外,机床发展至今的另一条生命线是精度。精度反映了机床加工零件误差的程度,机床的发展除了满足人类"省力"的要求外,更重要的是能够加工人类手工难以加工的形状,蒸汽机机床的诞生就是一个典型的例子。瓦特在改进蒸汽机时,发现手工加工的锡制汽缸误差太大,总是漏气,因此便和世界上第一台镗床的发明人约翰·威尔金森(John Wilkinson,1729—1808)合作,在解决了精度问题成功制造瓦特蒸汽机的同时,威尔金森也制造出了世界上第一台蒸汽机镗床,这标志着机床进入蒸汽动力时代。

　　相对于威尔金森制造的镗床的精度,如今机床的精度已经得到了极大的提升,但科技水平向未知领域(深空、深海、微观等)的不断深入对工业设备却提出了更高的精度要求。比如常用于精密测量基准件的量块,最高精度要求10 mm的长度误差小于0.02 μm,相比之下,"头发丝"般的误差(40～100 μm)已经属于较大误差范畴。

　　数控机床的精度是多种因素综合影响下的结果。数控机床一系列零部件机构动静态误差累积传递,最终会导致切削刀具和加工对象之间的空间几何量位移偏差,进而引起加工误差。其中,热误差是各项误差因素中影响最大的因素,更是多种误差影响因素的诱因,热误差可以说是由多种误差组合而成的综合误差。热误差还会随着机床精度要求的提升在所有误差因素中所占权重迅速提升,甚至占到总误差的70%以上。因此,在了解本著作所阐述的热误差补偿理论之前,首先了解机床结构是十分必要的。

2.1 数控机床的结构组成

控制系统、动力系统和机械结构仍然是组成数控机床必不可少的部分。除此之外,如今的数控机床增加了许多辅助系统和反馈回路,其基本结构如图 2-5 所示。

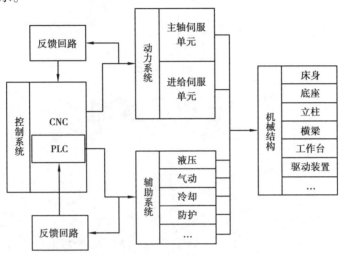

图 2-5　数控机床基本结构组成

控制系统包括计算机控制器(CNC)和可编程逻辑控制器(PLC)两部分,CNC 负责向动力系统发送控制指令,动力系统包括控制主轴刀具旋转的主轴伺服单元和控制主轴以及工作台运动的进给伺服单元。PLC 作为 CNC 和机床信息交互的桥梁,负责包括辅助系统在内的机床顺序控制。辅助系统的主要作用是提供加工过程中的一些特殊功能要求,比如加工时冷却液的释放,自动排屑装置的运行等,可根据不同的机床型号和功能要求进行灵活选配。动力系统和辅助系统的功能实现也需要机械结构作为依托,通常将构成机床的机械结构称为机床本体,基本结构主要包括床身、底座、立柱、横梁、工作台和驱动装置等。现在的数控机床均包括反馈回路,可将机床的实时运动状态信息反馈至用户界面,便于跟踪、故障诊断等。动力系统的反馈信号和 CNC构成负反馈运动控制系统,可提升机床控制性能。

2.1.1　机械结构

机械结构即构成机床所需要机械零部件,也常被称为机床本体,构成机床的主要结构包括床身、底座、立柱、横梁、工作台、传动装置等。如图 2-6 所示为立式数控加工中心外壳拆去后的结构组成图。

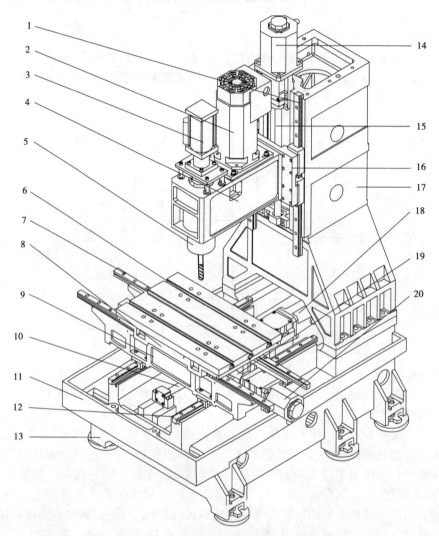

1. 进给传动装置——Z 向导轨;2. 主轴电机;3. 主轴传动装置;4. 横梁(主轴箱);

5. 主轴刀具;6. 工作台;7. 进给传动装置——X 向导轨;8. 进给传动装置——X 向滑块;

9. 进给传动装置——Y 向滑块;10. 进给传动装置——Y 向滚珠丝杠;11. 床身;

12. 进给传动装置——Y 向导轨;13. 底座;14. Z 向进给电机;

15. 进给传动装置——Z 向滚珠丝杠;16. 进给传动装置——Z 向滑块;17. 立柱;

18. Y 向进给电机;19. 进给传动装置——X 向滚珠丝杠;20. X 向进给电机

图 2-6　三轴立式加工中心机械结构

如图 2-6 所示,对机床部件起支撑和依托作用的为底座、床身、立柱和横梁。传动装置是其中的重要功能部件,传动装置根据功能也分为主轴传动和进给传动。进给传动装置负责主轴相对于工作台 X,Y,Z 3 个方向进给运动的传动,其中 Y 向进给传动装置安置在床身上,包括 Y 向滚珠丝杠、滑块和导轨,丝杠和滑块构成丝杠螺母运动副,在 Y 向进给电机的带动下,将电机转动转换为 Y 向进给位移,滑块边沿坐落在导轨上,起定位导向作用。

X 向传动装置安置在 Y 向滑块上,包括 X 向滚珠丝杠、滑块和导轨,和 Y 向同理,能够在 X 向进给电机的带动下,进行 X 向进给位移。工作台安置在 X 向滑块上。在 X,Y 进给传动装置的带动下,待加工零件和工作台可进行 X,Y 两个方向任意轨迹的运动。

立柱安置在床身上,主要作用为支撑横梁,主轴和 Z 向进给传动装置。其中,Z 向进给传动装置包括 Z 向滚珠丝杠、滑块和导轨,在 Z 向进给电机的带动下可进行 Z 向进给位移。Z 向滑块上安置有横梁、横梁端部即主轴箱,通过 X,Y,Z 三向传动装置,主轴箱相对于工作台,可进行 X,Y,Z 空间三向自由度的移动。

主轴箱内主要包括主轴电机、主轴传动装置和主轴刀具,主轴电机通过主轴传动装置带动主轴和刀具进行高速旋转,对安置在工作台上的工件进行加工。

2.1.2 动力系统

动力系统为机床主轴运转和进给运动提供动力源,图 2-6 所示的主轴电机和 X,Y,Z 3 个方向的进给电机,"伺服"一词源于希腊语"奴隶",表示伺服电机有着较优越的控制性能。

伺服电机本质也是一个电机,电机核心动力源于安培力,如图 2-7 所示。

当电流在磁场中流过时,会受到磁场额外的作用力,这个力的大小除了与电流大小、磁感应强度相关外,还和电流方向与磁场方向的夹角相关,式 2-1 为安培力表达式:

$$\vec{F} = \vec{\iota}l \times \vec{B} \qquad (2\text{-}1)$$

式(2-1)是矢量形式,其中,$\vec{F}$ 表示安培力,$\vec{\iota}$ 表示电流,l 是电流流过的长度。其中安培力的

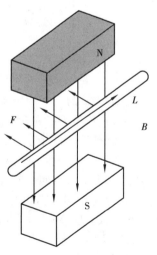

图 2-7 安培力产生原理

大小 $|\vec{F}|$ 为：

$$|\vec{F}| = l|\vec{\iota}||\vec{B}|\sin(\angle\vec{\iota},\vec{B}) \qquad (2\text{-}2)$$

其中，$|\vec{\iota}|$，$|\vec{B}|$ 分别表示电流和磁感应强度的大小，$\sin(\angle\vec{\iota},\vec{B})$ 表示电流和磁感应强度之间夹角的余弦值，即方向一致时，安培力为 0，成 90°夹角时受力最大。

安培力的方向遵循左手定则，即伸出左手，张开拇指和其余四指成 90°，使磁感应强度方向穿过手心，同时四指指向电流在垂直磁场方向的分量，此时拇指的方向即为安培力的方向。

最简单的直流有刷电机利用一组线圈，两个永磁体一副电刷和换向器即可制作，如图 2-8 所示。

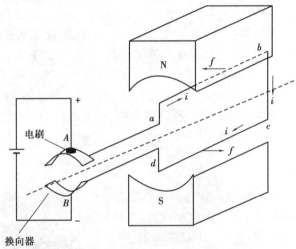

图 2-8　直流有刷电机原理

线圈 abcd 的两个伸出端和换向器相连接，换向器和电刷接触，两个电刷分别接入直流电源的正负极，进而电刷、换向器和线圈形成通路，在线圈产生电流，线圈被置于两个永磁体之间，一个是 S 极，一个是 N 极，两个永磁体变回产生从 N 极出发回到 S 极的磁场，和线圈的电流形成安培力。线圈的 ab 边和 cd 边由于电流方向不同，因此会产生两个不同方向的力，形成力矩带动线圈转动，换向器和电刷起的作用即通过变换线圈电流方向，使线圈力矩的方向维持一致。图 2-9 所示为没有换向器和有换向器时线圈的受力示意图。

如图 2-9(a)所示，若无换向器，则线圈的受力一直处于一个方向，当线圈平面和磁场方向平行时，力的作用使线圈向逆时针方向转动，直到线圈平面垂直于磁场方向，线圈受力达到平衡，但在惯性作用下继续逆时针转动，但略过垂直位置后，受到的力矩会使线圈顺时针转动，最终，线圈会停留在垂直位置。若加上换向器,如图2-9(b)所示,在线圈略过垂直位置后,力的方向反转,但力矩的维持使线圈持续逆时针转动。

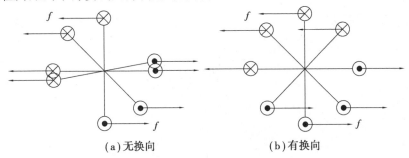

(a)无换向　　　　　　(b)有换向

图2-9　线圈受力示意图

图2-8所示的电机中转动的线圈被称为转子,两边的永磁体被称为定子。根据右手螺旋定则,线圈也会产生垂直于线圈平面的磁场,如图2-9(a)所示,当线圈磁场方向和定子磁场方向不重合时,线圈受力,当重合时,线圈不再受力,即线圈的转动可以视为转子磁场追随定子磁场的过程。电机的控制实际上是对转子和定子磁场方向的控制,如图2-8所示的电机通过控制转子磁场的方向达到控制电机转动目的。随着技术的发展,对电机的控制手段越来越多,图2-10所示的交流永磁同步伺服电机,即通过编码器实现了对电机的高精度位置控制。

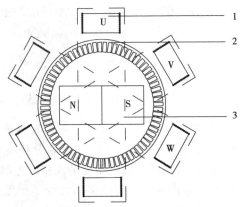

1.定子绕组;2.编码器;3.转子永磁体

图2-10　交流永磁同步伺服电机结构原理

如图2-10所示,交流永磁同步伺服电机的定子是一个三相的绕组线圈,转子是一个永磁体,同时转子后接一个编码器,用于测量转子的转角。

定子的三相绕组分别被称为U、V、W端,分别通入相位差120°的正弦交

13

流电,通电后可产生空间角度相隔120°的交变磁场,如图2-11所示。

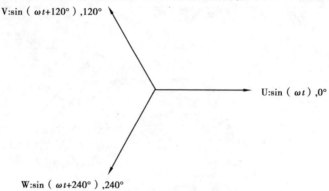

图 2-11　三相绕组产生交变磁场

图 2-11 中,U、V、W 产生的交变磁场通过极坐标形式可分别表示为

$$\begin{cases} U:A\sin(\omega t),0 \\ V:A\sin(\omega t+120),120 \\ W:A\sin(\omega t+240),240 \end{cases} \tag{2-3}$$

其中 A 表示磁场的幅值,ω 表示磁场变化的角频率,t 为时间。三相绕组产生的交变磁场在空间叠加形成最终的磁场,如下所示:

$$Z:A\sin(\omega t),0+A\sin(\omega t+120),120+A\sin(\omega t+240),240$$
$$=A\sin(\omega t)(\cos 0+j\sin 0)+A\sin(\omega t+120)(\cos 120+j\sin 120)+$$
$$A\sin(\omega t+240)(\cos 240+j\sin 240)$$
$$=\frac{3A}{2}\sin(\omega t)+j\cos(\omega t)=\frac{3A}{2},\omega t \tag{2-4}$$

最终,可得一个幅值为 $\dfrac{3A}{2}$,并且空间角度随时间线性变化的旋转磁场带动永磁体转子进行旋转,当转子旋转时,编码器会实时测量转子所在的角度,为控制系统提供反馈信号,进而控制系统通过控制三相绕组的电压,使最终的旋转磁场停在任何位置,实现转子旋转角度的高精度控制。

根据伺服电机的供电方式可分为直流伺服和交流伺服,根据控制的对象可分为位置伺服、速度伺服和转矩伺服,不同伺服电机的结构和控制原理有所差异,具体的原理本著作不再进一步介绍。

数控机床进给系统需要高精度的位置控制,因此主要选择位置伺服电机;而主轴伺服电机需要高精度的转速控制,因此主要选择速度伺服电机。由于惯性和阻尼的作用,伺服电机对控制信号的响应并非绝对一致,这就需要控制信号和作为反馈的编码器之间相互协调匹配。比如进行位置控制时,编码器检测到转子接近预定位置就需要提前控制施加的电压进行减速,否则等到了控制位置再减速会因为惯性略过。具体的控制算法和相关的参数需要结合伺服电机的结构进行调整。因此,高精度的伺服控制系统基本上是和伺服电机配套进行销售的,以使得控制系统和伺服电机性能匹配度达到最优。

2.1.3　辅助系统

辅助系统是保证充分发挥数控机床功能所必需的配套装置,主要包括气动液压、冷却、防护等。

气动液压是利用流体为介质进行工作的传动装置,是一种高承力性能的动力源,比如用于工件夹紧的卡盘,通过气动液压装置可获得极大的夹紧力,如图 2-12 所示。

图 2-12　气动三抓卡盘

如图 2-12 所示,气动三抓卡盘上有两个气孔,内部是一个气缸,将气泵接入气孔,通过送气和抽气改变气缸内的压力,进而推动活塞带动三抓卡盘开合。

除了实现工件装夹,液压和气动装置在数控机床中的用处外,还包括液压静压导轨、液压拨叉变速液压缸、主轴箱的液压平衡、液压驱动机械手、回转工作台的夹紧与松开液压缸、主轴上夹刀与松刀液压缸、机床的润滑冷却、气动机械手、主轴的松刀、主轴锥孔的吹气,工件、工具定位面和交换工作台的自动吹屑、清理定位基准面,机床防护罩、安全防护门的开关,工作台的松开夹紧,交换工作台的自动交换动作等。

冷却装置的作用是在机床切削时,对刀具和工件进行冷却降温,防止过热,如图 2-13 所示。冷却装置是一套液体循环系统,冷却液释放之后被回收重复使用。

图 2-13　冷却装置

防护系统的作用:为防止加工时产生的碎屑等物品对机床或加工人员造成伤害,比如,目前绝大多数数控机床安装有防护罩,以保护丝杠、导轨等精密的传动装置,如图 2-14 所示。

防护罩

图 2-14　机床防护罩

此外,数控机床普遍设置有防护门,以保护加工人员的安全。

2.1.4　控制系统

控制系统是操作人员对机床下达控制命令的媒介,是实现机床自动化加工的核心部件。操作人员将被加工零件的尺寸信息和工艺信息通过特定格式的代码输入控制系统,形成机床的运动控制信号并发送至动力系统操作机床进行加工。控制系统还会根据反馈回路收集机床的实时运行状态,反馈至显示界面。

控制系统主要包括 CNC 和 PLC 两大核心运算模块,CNC 运算能力强,可理解为嵌入机床的一台专用微型计算机,但只能处理弱电压信号,PLC 运算能力差,主要帮助 CNC 处理一些简单的强电压信号。如图 2-15 所示,控制系统的组成和计算机类似,借助于总线技术,将所有的设备挂载在中央处理器(CPU)上。此外,控制系统还包括输入设备。

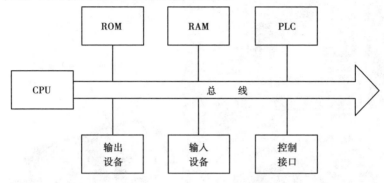

图 2-15　CNC 基本硬件结构

CPU 是数控系统的中央处理单元,负责整个数控系统的管理和运算工作,通过总线连接数控系统其他组成部分,进行信息交互。

总线上有必要的存储装置,分为 ROM 和 RAM 两类。ROM 全称 Read Only Memory,即只读存储器,可以理解为计算机中的硬盘;ROM 断电后数据不会丢失,但相对读写速度会慢一些,被用于其中存放有数控系统的操作软件和功能程序,不能随意写入数据进行更改。RAM 全称为 Random Access Memory,即随机存储器,可以理解为计算机中的内存;RAM 读写速度较快,但断电后数据会立即消失,用于存放整个系统运行时产生的临时数据,会进行频繁的读写操作。

输入设备和输出设备是用于进行数控系统人机交互的,可以理解为计算机中的键盘、鼠标和显示器,如图 2-16 所示。

键盘和液晶显示器是数控系统的必备,其常常被集成安装在一个机箱中,安装在数控机床的旁边,操作人员向机床输入加工代码即通过键盘完成,液晶显示器用于向操作人员显示机床运行时的各种状态信息。手持单元和数控系统之间通过很长的软线连接,操作人员借助手持设备可以在相对较大的活动空间对机床进行控制,但手持设备的控制功能较简单,通常只能控制机床各轴的正反方向移动和移动的速度。

除了上述基本的输入输出设备外,很多机床也配备了许多其他的通信接口,如图 2-17 所示的 CF(Compact Flash)卡,是一种能被数控系统识别的外部存储卡,操作人员可在电脑上完成加工代码的编写,然后存入 CF 卡中,再将

CF卡插入数控系统提供的接口将代码复制至数控系统。

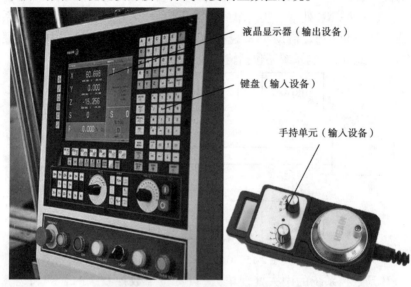

液晶显示器（输出设备）

键盘（输入设备）

手持单元（输入设备）

图2-16　数控系统输入输出设备

图2-17　机床CF卡

　　此外,也有机床配有以太网接口,可通过网络连接电脑实现远程操作,操作更加方便。

　　计算机数字控制机床(CNC)的控制接口用于连接动力系统,对主轴伺服电机和进给伺服电机进行控制,控制的方式分为开环和闭环两种,开环即伺服系统仅接收来自CNC的控制信号,不进行反馈,控制算法简单但精度较差。因此,目前绝大多数的CNC均采用精度更高的闭环控制方式,闭环系统会通过传感部件将当前的机床运行信息反馈至 CNC,借助合适的负反馈控制算法,可实现高精度的运动控制。如在对进给系统运动位置进行控制时,绝大多数控制系统会采用光栅对当前位置进行实时检测,借助光栅的高精度位置检测性能来实现高精度的位置控制。

辅助系统的控制主要通过继电器实现,继电器为强电部分,其控制主要交由 PLC 完成。

目前,世界上知名的 CNC 制造公司包括日本的 FANUC 和德国的 SIE-MENS 等,其技术水平已经十分成熟。

2.2　数控机床的精度

借助数控系统,数控机床可按照加工人员事先输入好的程序对刀具进行控制,按照设定的路径对工件进行切削,在理想情况下,机床刀具的运动轨迹和设定是绝对一致的,但在现实中,实际运行轨迹和设定值总会有些偏差,这种偏差最终会反映在零件加工后的尺寸上,即产生加工误差。

2.2.1　数控机床误差源

精度反映了机床在加工时对刀具与工件相对运行轨迹的控制能力,误差越小,精度越高。根据之前的介绍,机床是多个系统联合运行的复杂设备,其中任何一个小环节运行偏差均有可能影响刀具与工件相对的运行轨迹,因此机床误差是由多种因素共同作用的结果。本著作将引起误差的因素称为误差源。

机床误差源根据其起因,通常包括 6 种:几何误差、热误差、力误差、刀具磨损误差、控制误差和振动误差。

(1)几何误差

数控机床的几何误差产生于机床的原始制造误差。机床是由多个部件连接而成的,各个部件在制造和安装过程中存在误差,这些误差通过机床运动链的传递和变换构成了几何误差。

对于通常的立式加工中心,运动控制包括 X、Y、Z 3 个方向,每个方向有 6 个空间自由度运动误差,加之每个方向和另两个方向组成平面之间的垂直度误差,几何误差共包括 21 项,以 Y 方向为例,如图 2-18 所示。

如图 2-18 所示,对于 Y 向 3 个平移自由度误差,沿着其运动方向所在自由度的误差称为定位误差,和其运动方向垂直自由度的误差被称为直线度误差,对于 Y 向 3 个方向旋转自由度误差:绕 Y 轴旋转的误差被称为翻滚误差,绕 X 轴旋转的误差被称为俯仰误差,绕 Z 轴旋转的误差被称为偏摆误差。所以,X 向、Y 向和 Z 向共 18 项误差。此外,Y 向、X 向和 Z 向之间的垂直度误差,加起来共 3 项,合起来共会产生几何误差 21 项。

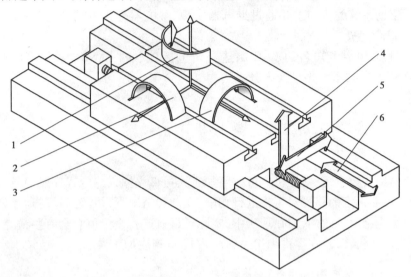

1. 偏摆误差;2. 翻滚误差;3. 俯仰误差;4. Z 向直线度误差;5. X 向直线度误差;6. 定位误差
图 2-18　几何误差示意图

（2）热误差

机床在运行过程中,电机的热工耗,切削产生的热量,运动副的摩擦等均会导致机床的温度变化,进而引起机床组成部件的热变形。热变形同样会通过运动传动链影响机床的加工,产生热误差。

热误差可以视为几何误差在热效应作用下的动态变化,具体表现为随着机床的加工运行,刀具相对于工作台产生额外的附加偏移,图 2-19 所示为机床立柱的弯曲变形引起的热误差。

机床在多个热源的共同作用下,处于复杂并且动态变化的温度场中,若机床部件受力不均,会发生拉伸、弯曲、扭转等变形。图 2-19 所示的立柱,在发生弯曲变形后,通过横梁将变形的作用传递至机床主轴和刀具,使得刀具偏离原有位置（图中 B 部分为结构热变形示意）。

几何误差和热误差均源于机床部件的形体误差,但两者区别在于几何误差是静态的,而热误差则会随着机床温度场的动态变化而变化。

（3）力误差

数控机床做切削加工时,由于切削力、工件和夹具的质量及夹紧力等载荷的作用,使组成机床的各部件的结构和部件间的结合面产生变形。各变形误差通过传递环节,使实际加工点偏离理想加工点,形成力误差。

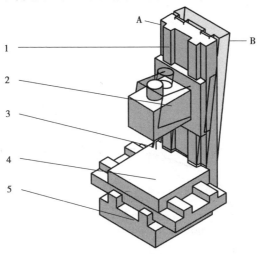

1. 立柱;2. 横梁;3. 主轴(刀具);4. 工作台;5. 底座

图 2-19 热误差示意图

(4)刀具磨损误差

在机床对工件进行切削加工时,作为切削主体,刀具的磨损在所难免,由刀具磨损所引起的精度误差称为刀具磨损误差。

一般来说,刀具磨损可以分为正常磨损和非正常磨损。正常磨损是指在刀具正常设计、制造及使用条件下,在切削过程中逐渐产生的磨损,这种磨损属于工件加工过程中的正常失效现象;非正常磨损也称为刀具破损,包括刀具的崩刃、剥落、碎断和形变等,这属于工件加工过程中非正常失效情况,多与加工条件不当或人工操作失误有关。

刀具磨损直接影响刀具与工件之间的相对几何位置,从而影响被加工件的尺寸精度和加工表面质量。而刀具的破损甚至可能导致机床故障,威胁机床操作人员安全。

刀具磨损过程可大致分为 3 个阶段:初期磨损、正常磨损和剧烈磨损。

如图 2-20 所示,OA 曲线为刀具初期磨损阶段,该阶段曲线曲率较大,刀具磨损速度较快。这是由于新刀具的刀面与刃口尚不平整,在初期切削时刀刃与工件表面实际接触面积很小,使得应力集中,磨损较快。随着切削过程的持续,刀具刃口逐渐被磨平整,刀具与工件表面接触面积逐渐增加,应力逐渐降低,从而在刀具初期阶段后期刀具磨损速率逐渐减小。

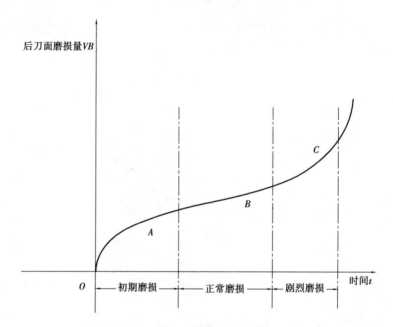

图 2-20　刀具磨损发展过程

图中 *AB* 曲线为刀具正常磨损阶段,该阶段曲线曲率较小,刀具磨损速度较慢。这是因为刀具刃口与工件的接触面积变大,刀具表面压力变小,磨损较为均匀,磨损速度因而减缓。该过程切削较为稳定。

BC 曲线为刀具剧烈磨损阶段,该阶段曲线曲率再次明显增大,刀具磨损速度迅速增大,刀具质量急速下降。这是因为随着切削时间的增加,刀具刃口钝化严重,刀具与工件表面接触面积进一步增大,导致切削力增大,切削温度上升,刀具性能急速降低。该阶段刀具磨损速度十分迅速,严重者会发生破损,从而失去有效切削能力。

(5)控制误差

由机床控制系统的不精确性所导致的数控机床运动部件实际运动轨迹与理想运动轨迹偏差部分,称为控制误差。控制误差源于伺服系统稳态误差、位置环增益跟随误差、插补误差等。

伺服系统稳态误差即系统的期望输出与实际输出在稳定状态下的差值。稳态误差按照产生的原因分类,分为原理性误差和附加稳态误差。由系统结构、输入作用形式和类型所产生的稳态误差称为原理性误差;由控制系统中摩擦、间隙等非线性因素所引起的系统稳态误差称为附加稳态误差。

位置环增益跟随误差源于机床的惯性,当伺服系统下达运动指令后,电机运转带动传动系统开始运动,需要克服机床机械结构的惯性,进而造成机床实际运动位置和命令位置之间存在一定的滞后,即产生跟随误差。运动速度越快,产生的跟随误差越大。

插补误差源于机床的插补运动,机床各轴运动是独立的,每个轴的伺服电机在伺服系统的控制下,通过接受脉冲的方式进行转动,每接收一个脉冲,即转动一定角度,通过传动系统使机床工作台或主轴运动一段距离。但是这段距离并非无限小的,也就是说,通常观察到的主轴相对于工作台之间复杂的运动轨迹,实际上是由各轴一段段的微小位移合成的,即所谓的"插补运动"。插补运动实现的运动轨迹和理想的轨迹之间,不可避免会存在差异,进而产生插补误差。

除此之外,控制系统的其他部件也可能引起误差,比如对于闭环控制系统而言,产生反馈信号的传感器自身出现的测量误差等。

(6)振动误差

机床在切削加工过程中,由于机床、刀具、加工参数以及外界干扰等诸多因素的影响下各部件发生振动,由机床振动导致加工表面质量下降(出现微波纹甚至振纹)的误差,称为振动误差。

振动的产生分两种。第一种为受迫振动,即当某种外来压力作用在机床上时,机床会发生振动,如果外来施加的压力不稳定,机床发生的振动可能会产生较多的变化;如果施加的压力稳定,机床会发生周期性的振动。外来压力带来的振动与外来的驱动力有关,和机床本身固有的频率无关。第二种为自激振动,这是指机床在加工时需要接收外来的能源,由能源为机床提供源动力产生的振动。通常将机床加工过程中刀具-工件系统产生强烈的自激振动称为颤振,这是狭义上颤振的定义,也是目前被广泛认可的颤振定义。

无论是由于外力的作用,还是由于机床设备能源供应的作用,机床出现了振动,那么振动导致切削的动作会临时出现位移,并且刀具作用在零件表面时可能产生异常的作用力,移位及异常作用力会在零件切削的过程中产生微波纹,进而产生振动误差。

2.2.2 数控机床精度控制研究现状

几何误差、热误差、力误差、刀具磨损误差都是通过改变机床组成部件几何形状引起的。相关研究均提到了补偿方式,常见直接的补偿方法是通过建模获取误差量和方向,然后通过控制机床反向运动抵消误差。这种补偿方式,本著作认为通常用在补偿速率和误差变化速率的相对匹配的情况下,才能较好实现补偿效果。

如振动误差源于机床控制系统和机床机体之间的动态响应,这种误差采用直接的位移补偿方法难度很大,因为误差信号是高频动态变化的,补偿信号通过数控系统到伺服系统,再到电机开始运转到达补偿位置需要一定时间,这就造成补偿信号和误差信号之间具有一定的时间差,出现补偿不及时造成的补偿位移矢量与实际误差矢量的不匹配现象,补偿后果难以预料。

(1)几何误差控制

机床几何误差在某个空间位置是相对稳定的,属于静态误差和系统误差,具有可重复性,可以采取离线方式进行测量,进而根据几何误差的变化规律进行软件补偿的方式减小。即如果知道几何误差的值,可控制机床主轴和工作台,向相反位置偏移等量的值实现补偿。相对于从硬件角度提升机床零部件的加工精度和装配精度方法,此方法更加简单和经济,因此目前应用较广。

数控机床几何误差软件补偿技术是一种综合性技术,主要包括几何误差测量、几何误差元素的辨识分离、几何误差建模、几何误差补偿等部分。

几何误差测量和几何误差元素的辨识分离是实现几何误差建模和几何误差补偿的基础。为了得到精确的误差模型来实现有效的误差补偿,需要对数控机床的各项误差进行测量和辨识分离。从误差测量过程来看,误差测量辨识可分为以下3种方法:

①直接测量法。直接测量法是直接地测量机床单项或几项误差,具有测量直观、精度可靠的特点。

②间接测量法。间接测量法是通过测量数控机床加工工件的误差来辨识得到机床的各项误差,例如机床验收标准中要求采用的"圆形-菱形-方形"试切法,就是间接测量法。

③综合测量法。综合测量法则是通过参考物或测量仪器获得机床指令点或轨迹的综合误差,再根据误差模型分析辨识最终得到机床的各项误差项。

从测量对象来看,误差测量辨识主要可分为以下两种:

①平动轴测量辨识。平动轴的几何误差测量辨识方法较为完善,可得到平动轴包括垂直度误差在内的几乎所有几何误差项。使用球杆仪来测量辨识数控机床几何误差是最常用的手段之一。早在20世纪80年代,Kakino就提出了基于球杆仪的圆测法,该方法可通过对测量得到的综合圆误差分析得到各个几何误差项。刘焕牢研制了一款二维球杆仪并用其测量圆轨迹的径向误差和角度误差。Wang使用3D球杆仪测量机床空间位置误差和姿态误差。Mize使用激光球杆仪克服了原球杆仪测量范围和球杆仪杆长的限制进行了误差测量。另一种常用的手段是采用激光干涉仪。由于激光具有高强度、高方向性和高度单色性等优点,激光测量技术在数控机床误差测量中的应用越

来越广泛。激光干涉仪可测量数控机床定位精度、重复定位精度等,也可用来进行几何精度检测,包括直线度、垂直度、俯仰角和偏摆角等的测量。Zhang和 Hu 就是基于激光跟踪仪提出了三点法来辨识运动轴的 6 项几何误差。

②旋转轴测量辨识。旋转轴是五轴数控机床的主要功能部件,旋转轴的几何误差测量辨识是五轴数控机床几何误差建模的关键步骤之一。相比平动轴的几何误差测量辨识,旋转轴的几何误差辨识方法并不是特别完善。球杆仪也是进行旋转轴测量辨识的常用工具之一:Mayer 等人使用球杆仪测量辨识五轴数控机床位置误差。Tsutsumi 和 Saito 采用两个平动轴和一个旋转轴同步运动的方式使得球杆仪相对于待测旋转轴保持静止,分别将球杆仪敏感方向置于旋转轴的径向、切向和轴向来测量辨识旋转轴的位置误差。Chen等人选择 3 个不同测量点通过三轴同步运动运行球杆仪,并基于旋转轴几何误差模型结合各个测点具体位置建立了矩阵形式的辨识模型,得到了旋转轴的 6 项几何误差。

几何误差建模包括几何误差元素建模和综合几何误差数学建模,几何误差元素模型表示了误差元素误差值的变化规律、反映了误差元素的性质,主要针对一项误差元素,综合几何误差数学模型表达的是各个几何误差元素对机床的综合影响,即通过各个误差元素建立机床刀具相对于工件的综合误差模型。

对于几何误差元素建模,最小二乘法对误差数据进行多项式拟合是最常用的方法。但灰色系统理论和神经网络算法也可以进行几何误差元素的建模,这两种算法的优点在于其所建模型精度高,缺点是无法得到具体的模型表达式,不方便后期误差补偿。

对于综合几何误差模型,目前采用的方法主要是以多体系统理论为基础,建立各个部件的齐次变换矩阵,根据机床拓扑结构进行齐次坐标变换相乘得到机床误差模型。例如 2000 年,Okafor 和 Ertekin 详细阐述了三轴数控机床的 21 项几何误差的概念和定义,并建立了各个运动轴包含几何误差的实际齐次运动矩阵,最后根据机床结构建立了机床综合几何误差模型。同年,Rahman 等人将机床各个轴的实际齐次运动矩阵表示为理想运动矩阵、垂直度误差齐次矩阵、角度误差齐次矩阵和线性误差齐次矩阵的乘积,将各个运动轴实际齐次运动矩阵相乘得到了机床包含所有误差的综合齐次运动矩阵。2002 年,Fan 等人根据多体系统理论结合机床拓扑结构和低序体理论提出了通用的运动学模型,建立了综合几何误差模型。2003 年,Lin 和 Shen 提出了矩阵求和方法来代替传统的矩阵相乘方法建立机床综合几何误差模型。2006年,Jung 等人采用齐次变换矩阵的方法建立三轴数控机床的综合几何误差模型,模型包含了垂直度误差在内的 21 项误差项。2008 年,Lamikiz 等人采用 D-H 参数和 D-H 矩阵对 3 种不同类型的五轴数控机床进行综合几何误差建模。2010 年,Khan 和 Chen 通过分析五轴数控机床的垂直度误差和位置偏差后采用 52 项几何误差中的 39 项建立了综合几何误差模型。2012 年,Zhun 等人基于多体系统理论采用齐次变换矩阵根据五轴数控机床结构建立刀具相对于工件的理性和包含误差的实际齐次变换矩阵,通过两者相减得到机床的综合几何误差模型。2013 年,Chen 等人分别建立机床从床身到刀具的运动链和从床身到工件运动链的包含误差的综合齐次变换矩阵,相减得到了综合几何误差模型。

机床几何误差补偿方法的原理是从机床理想加工代码中减去该位置处综合误差相应的分量,即人为产生一个反向偏移量,使机床主轴和工作台,向相反位置偏移等量的值实现补偿。

(2)热误差控制

热误差源于温度变化引起的机床零部件热变形,经过机床一代代的研究与发展,对其精度要求的不断提升,目前热误差已经是影响机床加工精度的主要误差源。针对热误差补偿的研究也是机床精度的重要研究领域。热误差软件补偿技术分为 3 个环节,分别是热误差的测量、热误差建模以及热误差补偿嵌入。

热误差测量除了包括机床热误差本身测量之外,还包含对机床温度的测量,目的是利用数学建模算法建立温度和热误差之间的数学模型,即热误差建模,进而实现通过机床温度对热误差的实时预测。

利用温度对热误差进行预测的关键问题是如何保证温度和热误差之间的数学模型的准确性,这也是热误差软件补偿技术研究的重点和难点。

对于热误差的补偿嵌入,热误差本身可以视为几何误差的一种动态变化,其减小的原理和几何误差基本一致,也是通过软件补偿的方式。不过相对于几何误差,由于其随温度变化的动态特性,因此在热误差的获取上更加困难。

热误差补偿技术是本著作的重点,包括热误差测量、建模和补偿嵌入技术,后面均会有详细的介绍,此处不再赘述。

(3)力误差控制

目前,对于力误差的控制,除了软件补偿手段外,还可以通过提升机床抵御受力变形的能力加以抑制,主要包括以下几种措施:

①提高工件加工时的刚度,采用辅助支撑,例如在加工细长轴时,工件的刚性差,采用中心架或跟刀架有助于提高工件的刚度。

②采用合理的装夹和加工方式进行平衡处理,精度高的零件需要安排预加工序。

③采取减小加工时加工件的吃刀深度,并相应增大走刀量,保持刀具刃口锋利,均有助于减小切削力,从而减小受力变形。

④提高机床部件的刚度,对机床的活动或不活动部分,都应注意到结合的紧固程度。主轴与轴承、大托班压板、中小托板与塞铁松紧程度调整适当;刀具及尾座套筒应夹紧;使用顶针装夹时,工件的中心孔要有足够的尺寸、光洁度以及合格的中心孔锥度等。

在切削力误差建模方面,国内外研究人员采用不同的条件和方法均建立了有效的切削力误差模型。Wan 通过使用瞬时切削力系数创建了针对平面端铣刀的切削力误差模型。张根保对滚齿机的运动副开展了运动学原理分析,结合齐次坐标变换在一台 5 轴 4 联动滚齿机上实现了切削力误差综合建模。魏丽霞等在已知主轴伺服电机电流信号与切削力之间关系的基础上,运用支持向量机网络建立切削力误差模型,并进行数控机床的切削力误差实时补偿,解决了切削力误差造成数控机床加工误差的问题。樊皓根据有限元分析和 BP(Back Propagation)神经网络实现了切削力误差与几何误差的综合建模。史弦立建立了在恒定载荷作用下机床几何误差与恒定载荷产生的力误差耦合的等效切削力综合误差。

(4)刀具磨损误差控制

对于刀具磨损误差,应从产生的根源上进行控制,提高刀具的设计,制造精度与质量,提升刀具的表面硬度与耐磨性能以及切削能力,在一定程度上可以改善刀具磨损的情况。例如合理设计刀具刀刃形貌,增大接触面积以减小切削应力集中;对刀具采取热处理或化学处理提高刀刃强度和表面硬度。此外,控制机床切削速度,喷切削液也会对刀具磨损有改善作用。

类似于上述几种误差,工程中常会采用依靠提高刀具质量的硬件设计结合软件补偿的方式进行抑制。

刀具磨损误差的软件补偿方法可分为人工补偿和自动补偿。

自动补偿又可分为离线方式补偿和在线方式补偿。离线方式补偿是指根据实际切削实验以及理论研究建立起刀具磨损模型,并探究刀具磨损规律对刀具几何位置做出调整实现误差补偿。离线方式补偿具有成本低、便捷、不干涉加工过程的优点,但刀具磨损模型的建立需要准确的理论分析和大量的切削实验数据,模型的精度和稳定性有待提高。此外由于机床结构的多种多样以及加工条件的多变性,目前大多数的刀具误差模型应用并不具有通用性,限制了模型补偿方法的普及。

在线方式补偿是指通过传感器对切削过程中的刀具磨损变化进行实时监测并通过数据处理分析加以补偿。在线方式补偿具有精度较高,能实时灵活补偿的优点,但对传感器及其布置位置、数据分析处理方法等要求较高,且成本高。目前刀具磨损检测可分为直接法和间接法。直接法是指通过对刀具几何尺寸、刀刃表面粗糙度、刀具磨损面反光强度等的检测来判断刀具磨损情况。间接法是指通过对刀具磨损有一定相关关系的中间参数的测量来间接获得刀具的磨损情况。表 2-1 和表 2-2 分别列出了常用的直接法与间接法的原理、优缺点和应用场合。

表 2-1　刀具磨损直接检测法

方　法	原　理	优缺点	应用场合
机械式测量法	用标准量具对刀具几何尺寸进行测量获得误差	简单易行; 误差大	加工精度要求不高的场合
光学测量法	用光学仪器获取刀具磨损面反光强度或刀具磨损图像	直观明了; 易受干扰,效率低	无干扰,精度要求较高的场合
放射性测量法	在刀具材料中加入放射性物质,通过放射性检测判断刀具磨损情况	不受加工环境影响; 实时性差,有污染	某些特殊加工场合
间距测量法	用传感器对刀具与工件相对位置测量判断刀具磨损	精度较高; 易受工件尺寸和工件表面质量等影响	加工精度要求较高的场合
工件测量法	测量工件尺寸与实际工件尺寸误差比较获得刀具磨损情况	简单易行; 易受机床运动精度和热膨胀影响	批量加工,精度要求不高的场合

表 2-2　刀具磨损间接检测法

方　法	原　理	优缺点	应用场合
切削力测量法	对直接反映刀具状态变化的切削力测量判断刀具磨损情况	精度高,抗干扰性强; 设备昂贵,传感器安装有要求	精度要求高的精密加工

续表

方　法	原　理	优缺点	应用场合
声波发射测量法	切削时会发出声波,对声波振动加以采集变换判断刀具磨损	抗干扰性强,不干涉加工; 精度低,效率低	加工环境恶劣多变的场合
温度测量法	对切削温度或刀具与工件间的热电偶测量获得刀具磨损情况	成本低,精度较高; 不适用添加切削液的加工过程	精度较高,不添加切削液的加工场合
电信号测量法	测量电机功率或电流变化判断刀具磨损情况	便捷,不干扰加工; 精度低	传感器安装不便或加工环境恶劣的场合

(5)振动误差控制

振动误差属于高频的动态误差,加工时需要控制的主要是切削引发的机床固有频率附近的颤振。目前振动误差的控制按照原理可分为主动控制和被动控制,主动控制类似于上述软件误差补偿技术,通过机床自身提供一个和振动误差频率相等、幅值相反的控制信号,抵消振动。被动控制指通过改变机床的运行参数,增加切削系统刚度、阻尼或者附加吸振器吸收振动,目的是使加工过程中切削引发的振动激励信号,避开机床固有频率,进而从根源上破坏颤振发生的条件,避免颤振发生。

对于主动控制,Jeffrey L. Dohner、James P. Lauffer 等人利用传感器和传动机构构建了一个主动控制系统,并通过闭环实验验证了该系统的有效性。C. Mei 设计了一种主动控制器,可以在很宽的频带范围内吸收颤振的能量,针对不同的系统具有很高的稳健性。上海交通大学的马杰等人通过对刀具施加一个椭圆超声波振动,使得刀具周期性地与工件分离,刀具和工件的摩擦力周期性地反转,达到抑制车削加工中颤振的目的。主动控制适应性很强,理论上可以应对任何振动控制需求。但在应用时,会发现振动频率表很高,给出的补偿控制信号很难达到要求的动态性能,比如出现频率和相对的偏差,控制效果不理想,应用仍受到限制。

因此,被动控制目前是解决机床颤振的主要手段,Delio 提出通过增大切削过程的阻尼可以抑制再生颤振的产生。Hongo、Tetsuyuki 将一种抗振性能很好的陶瓷树脂混凝土材料应用到精密机床上,使其寿命比普通机床高出了5 倍。Sims 等人提出了一种优化的动力吸振器的设计思路,这种方法可以使得被动控制在金属切削过程中颤振抑制方面取得更宽的频带抑制效果。Takeyama 等人研究高阻尼材料的刀柄对系统动态特性的影响。A. Ganguli、A. Deraemaeker 等人对主动阻尼进行了研究,发现不同的主轴转速对应不同的系统阻尼,并指出主动阻尼能够增强稳定性,尤其是在叶瓣图中对应的低稳定性区域。Meshcheriakov 等人通过调整主轴刚度,提高系统的稳定性。Satoshi Ema、Etsuo Marui 考虑系统的模态质量、工件残留高度以及刀具悬伸长度等因素,采用碰撞阻尼器增加阻尼比来抑制钻孔加工过程中的颤振。Liao Y S、Young Y C 利用测力仪采集切削力信号,通过傅里叶变换得到互功率谱,据此确定颤振的频率,通过调节主轴转速来抑制切削加工过程中的再生颤振。Yang F L,Zhang B 等人针对车削加工过程提出了一种复合时变参数法,通过同时调节主轴转速和前角来抑制颤振,并将该方法与单时变参数法进行对比,讨论了颤振抑制的机理。Emad Al-Regib、Jun Ni 等人基于变主轴转速原理提出了一种新的在线编程转速控制方法,通过使振动能量最小化来抑制颤振。Sri Namachchivaya 等人运用摄动法研究了转速周期调制对颤振抑制的作用机理。Altintas 和 Budak 等人运用零阶傅里叶级数估计研究了不等齿距铣刀的稳定性问题,并提出一种设计端齿间夹角的分析方法,以获得高的稳定性极限。

(6)机床控制系统误差处理

对机床控制系统误差的处理,多是将诸多影响因素造成的误差综合为轮廓误差来分析处理。排除可避免影响因素(如人为因素)导致的误差后,对控制系统的误差进行综合分析、补偿。

误差补偿实施是移动刀具或工件使刀具和工件之间在机床空间误差的逆方向上产生一个大小与误差接近的相对运动而实现的。机床误差补偿控制方式一般可分为以下 3 种:闭环反馈补偿控制方式、开环前馈补偿控制方式和半闭环前馈补偿控制方式。

①闭环(反馈)补偿控制方式。闭环反馈补偿控制在机械加工过程中直接补偿实际测量值和理论值之间的误差。

②开环(前馈)补偿控制方式。开环前馈补偿控制利用预先求得的加工误差数学模型,预测误差而进行补偿。

③半闭环(前馈)补偿控制方式。半闭环前馈补偿控制选择几个比较容易检测,又能表征系统状态、环境条件的参量作为误差数学模型的变量,建立加工误差和这些参量的并反映规律的关系式。

比较以上 3 种补偿系统,闭环反馈补偿控制系统的优点是补偿精度高,而缺点是系统制造成本也高;开环前馈补偿控制系统的优点是系统制造成本低,而补偿精度也低;半闭环前馈补偿控制系统的功能与价格比居中。在工程中具体实施时,需根据用户需求进行选择。

2.3　小　结

本章围绕机床的精度,对机床结构和误差源进行了简单的介绍。机床结构按功能可分为控制系统、动力系统、辅助系统、机械结构和反馈回路。控制系统即通常说的 CNC 和 PLC 用于下达机床运行的控制指令,动力系统主要是指伺服电机,是机械结构的动力源,辅助系统包括冷却液、排屑装置等,提升加工质量。最后所有的环节运行参数通过反馈回路回到控制系统,用于反馈控制以及加工人员的实时监控。机床精度下降即源于上述环节的不精确引发的误差,机床主要包括几何误差、热误差、力误差、刀具磨损误差、振动误差和控制误差 6 项误差源。其中,几何误差、热误差、力误差和刀具磨损误差均属于机床机械结构形貌尺寸变化引起的误差,其在机床总误差中占的比重较大,而振动误差和控制误差在机床总误差中占的比重相对较小。

3

数控机床热误差特性

热误差是机床在加工过程中,由于温度场动态变化,引起机床零部件热变形等多种误差源耦合作用,产生的刀具和工作台之间的相对位移。多种误差源耦合作用是造成热误差复杂多变特性的根源所在。本章从白箱和黑箱两个角度对机床热误差特性进行介绍,白箱即从零件组成的角度研究机床热误差,而黑箱则借助大量直接测量实验,来探究刀具和工作台之间的相对热位移。从不同的角度研究机床热误差特性。

3.1 热误差白箱化——从零件热变形角度出发

机床热误差由各零部件的热变形叠加而成,从白箱角度进行研究,目的是掌握各零部件的热变形规律特性,然后计算出机床热误差。有限元为计算零部件热变形提供了有力的数学工具,是研究热变形的主要手段。

机床零部件的热变形源于机床在运行过程中的温度变化。机床热源分布复杂,比如在电机转动过程中,电能一部分转化为动能,一部分被线圈的电阻消耗,以热量的形式散发出来,形成以电机为中心,逐渐向外扩散的温度场;导轨和丝杠等传动部件之间的相对运动,以及切削时刀具和工件之间的高速相对运动,也会因摩擦产生热量并扩散出去。此外,机床的冷却系统、机床的使用环境温度变化等也会直接作用于机床。

在多种热源的综合作用下,机床所处的温度环境呈现时变性和非均匀性的复杂特性。图 3-1 所示为机床在加工时,通过红外热像仪拍摄的温度场图片。

从图 3-1 可以看出,主轴处温度最高为 15.8 ℃,最低为 8.3 ℃,相差 7.5 ℃,并且可以明显看出,温度并非均匀变化,接近主轴中心部位存在多处高温点,同时温度变化的幅度较大,而远离主轴的部位温度变化较小,这导致机床零部件的热变形不只是几何尺寸上的热膨胀,而是呈现弯曲、扭转等形状上的额外变化。比如对于横梁,通过有限元模拟热源接近上表面和下表面两种情况时,横梁的热变形情况分别如图 3-2 和图 3-3 所示。

图 3-1 机床加工时主轴部位温度场

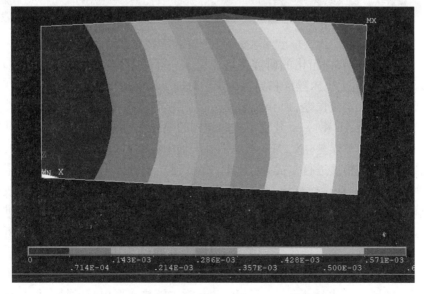

图 3-2 横梁热变形模型——热源接近上表面

如图 3-2 和图 3-3 所示,热源处于不同位置时,横梁的弯曲方向甚至会随之改变,从定性的角度很好解释,如果热源接近上表面,则上表面受热较多,热变形也大于下表面,导致上横梁向上拱起,同理,如果热源接近下表面,则横梁向下凹陷。但如果要定量获取变形量,则最终结果对温度场测量的精确程度极为依赖。

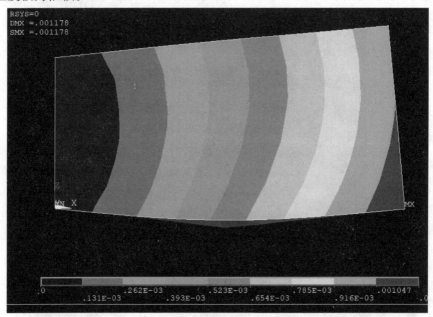

图 3-3　横梁热变形模型——热源接近下表面

目前,热误差白箱化的研究进展主要集中于一些零部件的热变形仿真,W. S. Yun分析了机床丝杠和导轨热变形对加工误差的影响,认为丝杠热变形主要引起线性定位误差,而导轨热变形会同时造成倾角误差、线性定位误差和直线度误差;H. K. Kim 建立了机床丝杠的热变形有限元模型,以预测并补偿丝杠引起的热误差; X. Min 考虑了机床轴承温度对机床热传导的影响,将有限元模型的精度进行了提升; H. T. Zhao 建立了机床主轴的热变形有限元模型,以预测并补偿丝杠引起的热误差;E. Creighton 发现热误差对尺寸较小的微型铣床影响尤其严重,于是建立了铣床主轴的有限元模型对热误差进行补偿;蔺靖宇建立了车削中心主轴箱瞬态温度场和热变形仿真模型,分析了其对车削刀具位置变换的影响关系;周顺生在将结构进行简化后,建立了数控铣床有限元模型,分析了机床各部位温度对热变形影响权重,并对影响最严重的区域分布状况进行了归纳;R. Zhu 对主轴热变形引起的轴向伸长和弯曲变形进行了仿真分析;J. Han 提出了一种主轴有限元热变形仿真所需的温度边界条件以及结构等效热传导系数的综合计算方法;C. H. Wu 对机床丝杠的热变形进行了有限元仿真分析。

上述研究虽然定性地解释了机床部分零部件的热变形特性,但对热误差的精确计算帮助较小。首先,机床零部件热变形依赖于温度场、零部件的几何形状和材料属性等多种特性,要确定这些量十分困难。比如温度场的确定,上述研究主要根据机床热源的发热量和热传导建立模型计算温度场,因组成构件复杂,影响热传导因素较多,难以保证计算结果的准确性。如图3-1所示,温度场呈非均匀性,如果利用单点的温度传感器进行测量,虽然理论上传感器的数量足够多,是能够还原温度场的。但实际上,机床内部有很多复杂的机械传动设备和电气设备,关键部件会加盖防护罩,因此,根据有限的温度传感器并不能准确地获得温度场的分布状况。如果采用红外热像仪等大范围温度场拍摄测量设备,由于零部件的遮挡,只能拍摄到最外层零部件的表面温度,获取信息不完整,也无法用于温度场的还原。其次,完整获取所有零部件的温度场,也会受限于目前的计算机的计算速度。因为有限元是一种化整为零的计算方法,需要通过网格将零部件划分为小单元,每个单元自身对应一组求解方程,计算热变形时需要将所有单元的方程联立进行求解,才能求解一个零件的热变形,计算耗时,对整个机体所有零件进行仿真计算热变形的计算速度远远跟不上热变形的变化速度。

从白箱化的角度出发来研究热误差,其优势在于深入机床内部,从本源出发探究机床热误差的产生机理,有利于机床的设计,提高机床的功能性结构优化。

3.2　热误差黑箱化——从实验角度出发

对于工程应用,机床零部件的热变形研究虽然复杂,但复杂背后也是遵循物理规律的。因此,从机床受热产生温度变化,到引起热变形传递至工作台和刀具,无论过程多么复杂,其间是必然存在某种特定的联系的。机床结构设计越稳定,其联系规律性越强,黑箱化建立的规律数学模型越稳健。这是黑箱化的技术基础。

基于此,为机床热误差的研究提供了一种新思路,对于结构性能稳定的机床,采用黑箱化的方法,参考定性的机床内部结构热特性,实验仅测量刀具和工作台之间的热位移,是容易实现的。然后从测量数据中找出机床热误差和温度之间的联系规律,利用此方法探究热误差的变化特性会简单得多。

如图 3-4—图 3-8 所示,是对一台 Leaderway V-450 型立式加工中心进行直接热误差测量得到的结果,共有 5 次试验,分别记为 K1 ~ K5。

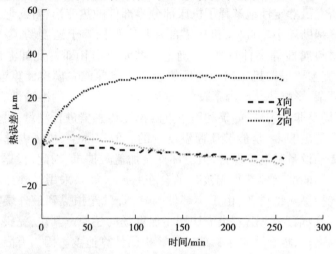

图 3-4　热误差测量结果-K1

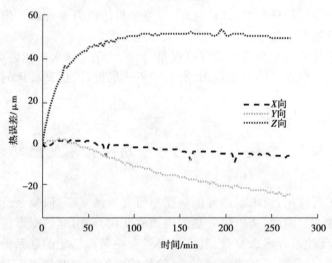

图 3-5　热误差测量结果-K2

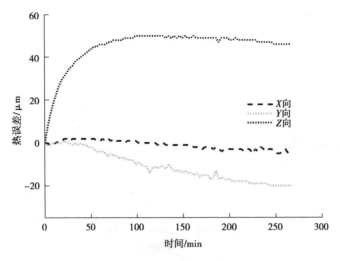

图 3-6　热误差测量结果-K3

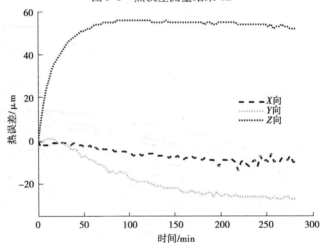

图 3-7　热误差测量结果-K4

图 3-4—图 3-8 中,一共对 X, Y, Z 3 个方向的热误差进行了测量,不难看出,五次测量结果热误差的变化趋势十分接近,热误差幅值开始变化快,随着时间的变化越来越慢,到最后基本维持恒定。Z 向热误差变化最大,变化方向朝向正方向,Y 向其次,但朝着负方向变化,X 向变化不明显。说明机床热误差变化稳定,是存在规律的。

在测量热误差的同时,也在机床的主要热源附近大范围安置了 20 个温度传感器进行温度测量,测量结果如图 3-9—图 3-13 所示。

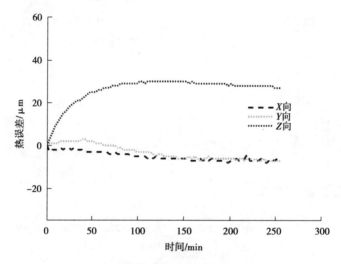

图 3-8　热误差测量结果-K5

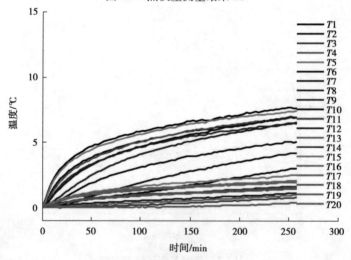

图 3-9　温度测量结果-K1

　　图 3-9—图 3-13 分别显示了 K1 ～ K5 批次实验在测量热误差时,对应温度的测量结果,20 个温度传感器分别记为 $T1$ ～ $T20$。根据图 3-9 和图 3-13 也可以看出,机床温度变化的趋势十分接近,与热误差变化对应,也是一个由快到慢再到维持恒定的变化过程,这是因为随着机床温度的上升,机床和周围环境温度之间的温差逐渐增大,加快了热量发散的速度,最后当热量发散的速度和热源产热的速度达到平衡时,机床温度不再继续变化。

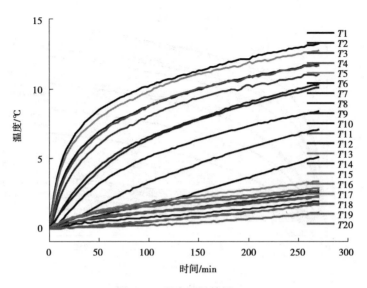

图 3-10 温度测量结果-K2

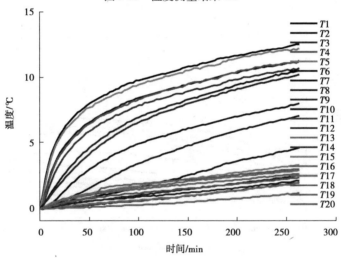

图 3-11 温度测量结果-K3

比对图 3-4—图 3-8 和图 3-9—图 3-13 可以明显发现,热误差的变化和温度变化的节奏是一致的,并且 5 批次实验数据均显示相同的趋势。K2～K4 批次实验温度变化较大,对应热误差也变化较大,K1,K5 批次实验温度变化较小,对应热误差的变化也较小,说明测量数据中必然隐含着某些联系。黑箱化方法是具有可行性的。

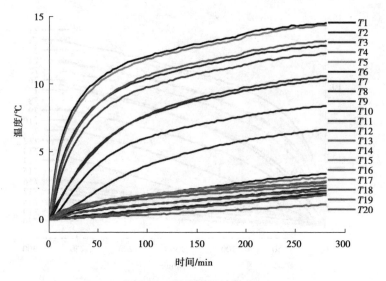

图 3-12　温度测量结果-K4

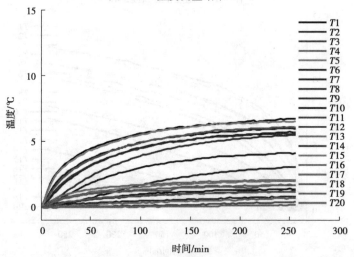

图 3-13　温度测量结果-K5

　　同时,根据图 3-9 和图 3-13 可以看出,20 个温度测点得到的温度变化趋势也十分接近,这是热传导的作用所致,使得各温度测点之间产生了耦合联系,这为机床热误差黑箱化的研究提供了另一种便利:可以利用个别温度点来替代整个温度场的变化信息。进而机床黑箱化的模型可简化如下:

　　如图 3-14 所示,对于机床内部结构,黑箱化模型将其视为联系温度和热误差之间的纽带,利用一个公式进行替代。几个特定的温度测点是模型的输入变量,热误差是输出变量。

40

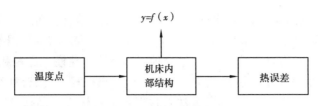

图 3-14 机床热误差黑箱化模型

对于研究人员来说,黑箱化模型中值得关注的研究点有两个:第一是如何确定模型中的输入变量,即温度测点的位置;第二是如何确定联系温度和热误差之间的模型公式。通常,将确定的温度测点位置称为温度敏感点,将模型公式称为热误差模型。两个研究点的研究对象均为热误差测量数据,而使用的工具是以统计理论为基础的数学分析算法。因此,对于黑箱化模型,其实研究点更偏向采用数学统计算法,用于从数据中挖掘出的温度敏感点和建立的热误差模型具有较高的准确性。

目前,对于温度敏感点的确定和热误差模型的建立涉及的数学算法,J. G. Yang 提出了根据各温度测点之间的关联性对温度测点进行分组筛选,以减小选出的温度敏感点之间共线性的思想,并采用多元回归算法建立热误差模型。J. G. Yang 提出根据各温度测点和热误差之间的综合灰色关联度的大小对温度测点进行分级,从各级中选出一个与热误差之间综合灰色关联度最大的温度测点作为温度敏感点,最后采用多元回归算法建模。H. T. Wang 利用模糊聚类算法对温度测点分类选择温度敏感点,并利用神经网络算法建模。E. M. Miao 提出结合模糊聚类结合灰色关联度算法对温度敏感点选择,并利用多元回归算法建模的热误差稳健性建模方法。J. Yang 利用模糊聚类选择温度敏感点,采用神经网络算法建模。T. Bo 利用对温度测点进行分组选择温度敏感点,采用多元回归算法建模。Ali M. Abdulshahed 利用模糊聚类结合灰色关联度算法选温度敏感点,采用神经网络算法建模。T. Zhang 利用模糊聚类和相关系数选择温度敏感点,采用内积多元回归算法建模。J. S. Chen 和杨庆东同时采用多元回归和神经网络算法对热误差进行建模,通过比对发现两种建模算法精度差异很小。H. Wu 对机床结构进行分解,将主要热变形结构附近热源作为温度敏感点,利用神经网络算法建模。Y. Zhang 利用灰色理论对神经网络模型进行优化,改善了模型的收敛性和精度。Q. J. Guo 将相关性大于一定值的温度测点分为一类,再从每组中选择和热误差相关性最大的温度测点作为温度敏感点,并结合神经网络算法进行建模。C. W. Wu 利用多元回归算法对高转速下的数控机床热误差进行了建模。C. H. Lo 根据温度测点之间的相关性进行聚类,之后根据聚类结果,以模型精度最优作为目标,采用遍历优化的方式选择温度敏感点,并结合多元回归算法建模。R. Ramesh 采用支持向量机算法进行建模。R. J. Liang 将和热误差相关性较强的温度测点作为温度敏感点,并结合神经网络算法建模。谭峰和 J. Han 利用模糊 C-均值法对温度测点聚类进行温度敏感点选择,并结合神经网络算法建模。J. H. Lee 利用多元回归算法对热误差进行建模。马廷洪和马驰分别通过粒子群算法和遗传算法对神经网络进行优化后建立热误差模型。葛济宾、王时龙和 Q. Liu 利用模糊聚类结合灰色关联度算法进行温度敏感点选择,并利用多元回归算法进行建模。吴昊利用神经网络算法建立热误差模型。林伟青采用支持向量机算法进行建模,并通过最小二乘算法对其中的关键参数进行了自适应优化。项伟宏采用逐步回归算法对温度敏感点进行选择,并结合多元线性回归算法进行建模。李永祥将时间序列算法和多元回归算法相结合进行热误差建模。郭前建利用蚁群算法对神经网络进行优化建立热误差模型。闫嘉钰根据机床结构对温度测点进行分类,并根据灰色关联度从每一类中选择和热误差关联性最大的测点作为温度敏感点。凡志磊利用偏相关分析算法进行温度敏感点选择,以保证选出的温度敏感点之间具有较低的共线性,进而结合多元线性回归算法建立热误差模型。李泳耀将神经网络算法和多元回归算法进行结合,利用多元回归建立线性热误差模型后,再将模型预测结果带入神经网络进行非线性部分的修正,以提升模型精度。李逢春将欧氏距离和相关系数的距离综合作为温度测点聚类的依据,将相关性强的温度测点聚为一类,再从每一类中选择和热误差关联性最强的作为温度敏感点,并利用多元回归算法建模。蔡力钢利用粗糙集理论结合偏相关分析算法对温度敏感点进行聚类选择,并结合多元回归算法建模。马跃利用模糊C-均值法对温度测点聚类,并结合灰色关联度算法从每一类中选择和热误差关联性最强的作为温度敏感点,并结合多元回归算法建模。邬再新利用模糊聚类结合灰色关联度算法进行温度敏感点选择,并利用神经网络算法进行建模。王桂龙利用模糊聚类结合灰色关联度算法对温度敏感点进行优化选择。魏效玲、谢杰、马廷洪采用神经网络算法建立热误差模型。孙志超、穆塔里夫·阿赫迈德,李书和与仇健采用多元回归算法建立热误差模型。

根据上述研究可以看出,温度敏感点选择方法的常用基本步骤为:先对温度测点进行分类;然后从各类中选择和热误差关联性较大的温度测点作为温度敏感点。常用的建模算法根据应用方式,可分为离线建模算法和在线学习建模算法。离线建模算法特点为当有新的建模数据需要融入模型时,必须将原有的数据找回,并附加新的数据重新建模,即不具有学习功能,典型的代表为多元回归算法。在线学习建模算法具有学习功能,能够随时根据新的建模数据在线更新模型,典型的代表为神经网络等。

相对于白箱化的研究方法,黑箱化虽然简单,但也存在着很大的问题,即缺乏对机床热误差的深入了解,不知道其中的变数如何。图 3-15、图 3-16 分别显示了机床在两种运行模式下的温度场分布状况,图 3-15 显示的是机床在未进行实际切削的空转状态,图 3-16 显示的是进行实际切削的实切状态,其他的运行条件一致。

图 3-15　空转状态下机床温度场分布图

图 3-16　实切状态下机床温度场分布图

从图 3-15 和图 3-16 可以看出,在空转和实切两种状态且相同转速等运行参数条件下,机床的温度场在温度数值上差异不大,但温度场分布规律发生了明显的变化。机床运行状态的变化会影响机床的热误差特性,本著作后续章节也会对此做进一步研究,结果表明空转和实切状态下的热误差特性差异性较大,建立的模型相互之间预测误差也较大。

这说明黑箱化建立的预测模型,仍存在较多待解决的问题。当某些条件发生变化,有可能会引起热误差特性的改变,此时建立的预测模型的有效性难以确定,模型的稳健性不能获得保证。如何采用黑箱化的统计算法解决问题,本著作后面将给予详细说明。

3.3 小 结

本章从统计算法的黑箱和零件热变形特性机理的白箱两种研究角度出发,对机床热误差的研究方法进行了说明,并对两者研究方法优劣性给予了分析。在工程应用研究中,两种研究方法相辅相成,各有应用专长。白箱化从零部件热变形机理角度分析热误差,在机床结构设计方面优势明显。黑箱化忽略机床内部的复杂结构,仅关心机床特定点的温度和热误差本身,通过直接的测量数据来分析热误差。虽然能够建立温度和热误差之间的联系模型,但同时也使得机床内部的各种运行参数变化成了热误差的影响因素,热误差呈现多因素耦合影响的特性,对模型稳健性有较高的要求。

4

软件热误差补偿技术

软件热误差补偿技术是将热误差模型落实到能够解决工程问题的技术手段。其主要思想为在机床热误差产生之后,如果能知道刀具相对于工作台的偏移量(热误差值),则可利用数控机床高精度的伺服驱动系统控制伺服电机,使刀具相对于工件反向偏移等量的值,把热误差补偿回来,以达到减小热误差的目的。

根据此思想,目前的软件热误差补偿技术包括一项核心理论以及两项关键技术。核心理论是热误差建模理论,用于建立误差模型。两项关键技术:热误差测量技术,用于测量机床热误差和温度;模型嵌入技术,用于将热误差模型预测值送入机床,如图 4-1 所示。

测量是实现软件热误差补偿的第一步,需要对机床温度和热误差进行同步测量,目的是为建模提供原始数据。在建模过程中,根据测量的数据,建立能够反映机床温度和热误差之间的联系规律的数学模型,实现根据实时获得的温度值对热误差进行预测的功能,简称热误差模型。模型建立后,将建好的热误差写入热误差补偿器的微控制器中,微控制器同时外接温度传感器,并测量机床温度值,将其带入模型中并对热误差进行预测,然后建立和机床之间的通信,将热误差送入机床数控系统中形成补偿信号。

热误差测量技术和模型嵌入技术是热误差补偿技术得以应用的关键,得益于传感技术的飞速发展,以及数控系统的日益完善,两项技术的基本原理已经成熟。热误差模型对热误差的预测精度,直接决定了最终的补偿精度,因此热误差模型建立的理论,是整个热误差补偿系统的核心,相比之下,热误差建模理论仍存在大量的与工程匹配模糊的问题,这些问题的解决将大幅促进预测精度和预测模型稳健性的提升,热误差的研究重点在于热误差建模。

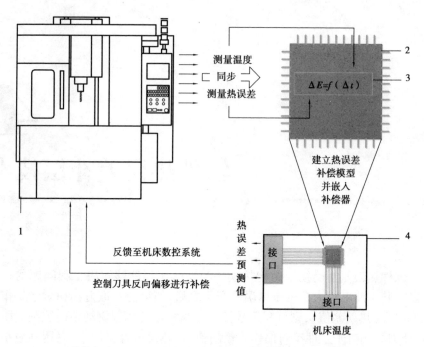

1. 数控机床；2. 微控制器；3. 热误差补偿模型；4. 热误差补偿器

图 4-1　热误差补偿系统框架

4.1　热误差测量技术

4.1.1　五点测量法

热误差测量技术的目的是将机床热误差和温度同步、准确地测量出来，为热误差建模提供数据，或者作为热误差检验的评价数据。测量方法既要符合热误差的定义，同时又不能过于复杂，以便现场工程人员能够掌握。

目前国际标准《机床检验通则（ISO 230-3：2007 IDT）第三部分：热效应的确定》提出了对机床热误差进行测量的"五点测量法"，如图 4-2 所示。

如图 4-2 所示，五点法测量系统主要包括 3 部分，即检验棒、位移传感器和传感器夹具。检验棒为圆柱体结构，被安装在机床主轴刀具部位；位移传感器通过传感器夹具固定在工作台上。当热误差产生后，代表刀具的检验棒和代表工作台的位移传感器之间发生相对位移，引起位移传感器输出的电压值变化，通过测量电压值换算得到位移量，即可获取检验棒空间的 5 点热误差值。在图 4-2 中,5 个传感器分别记为 S1,S2,S3,S4,S5,其中 S1 传感器的轴线方向和检验棒的轴向平行,当产生 Z 向热误差时,输出信号随之变化,可以测量 Z 向热误差。同理,S2、S3 的轴线方向和 X 方向平行,可以测量 X 向热误差,并且结合 S2 和 S3 之间 Z 向间距可算出绕 Y 轴的转动角度,S4、S5 轴线方向和 Y 轴平行,可以测量 Y 向热误差,并且结合 S4 和 S5 之间的 Z 向间距可算出绕 X 轴的旋转角度。

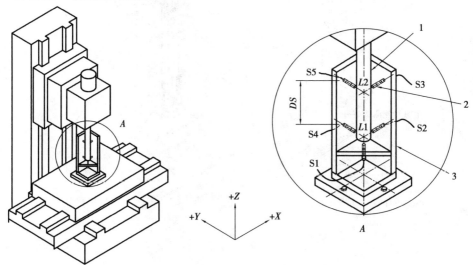

1. 检验棒;2. 位移传感器;3. 传感器夹具

图 4-2　五点测量法

其中位移传感器可以使用电容、电感或电涡流传感器,量程应该大于机床热误差的最大变化量,精度通常在 $\pm 1 \sim 2~\mu m$ 即可满足机床热误差的测量需求。由于五点测量法原理简单,操作方便,所需器材易于获取,因此得到了广泛应用。

4.1.2　在线检测热误差测量法

除了五点测量法以外,在线检测技术也被用于热误差的测量。

(1)数控机床在线检测技术简介

在线检测系统的原理为通过在机床主轴位置安装测头,使机床具有三坐标测量功能,从而可对工作台上的工件进行在线测量。其系统的基本组成如图 4-3 所示。

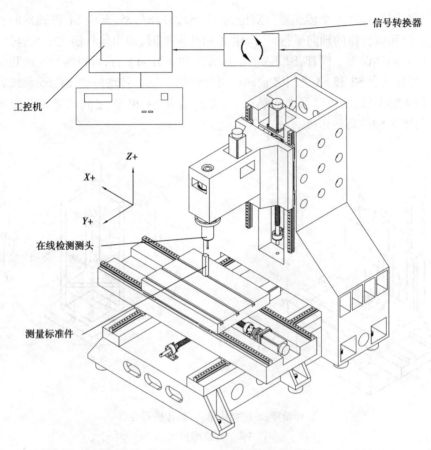

图 4-3　在线检测系统示意图

如图 4-3 所示,在线检测系统主要由测头、机床本体、数控系统和计算机构成。测头安装于机床的主轴位置,其作用为触碰待测物体,并提供触发信号。数控机床的控制系统一方面为控制机床本体带动测头运动对工件进行触碰,另一方面在接收到测头发出的触发信号后,记录触发瞬间的机床运动的坐标值,并将其传给计算机保存并显示。

在线检测系统提出的目的是给机床提供一种在线获取工件尺寸的方法,常被用于夹具和零件的装夹定位、找正、零件加工过程中的尺寸检测。图 4-4 所示为在线检测系统测量工作台上的零件的 A、B 两平行面之间的距离信息。

测量时,测头可先沿合适的方向在 A 面触碰 3 个点,分别记为 P_{A1},P_{A2},P_{A3},之后再沿合适的方向触碰 B 面的 3 个点,分别记为 P_{B1},P_{B2},P_{B3}。在每次触碰时,数控系统均会记录下触点的 X,Y,Z 3 个方向的坐标,分别如下:

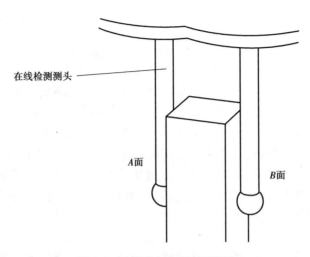

图4-4　在线检测测量平面距离

$$\begin{cases} P_{A1} = (x_{A1}, y_{A1}, z_{A1}) \\ P_{A2} = (x_{A2}, y_{A2}, z_{A2}) \\ P_{A3} = (x_{A3}, y_{A3}, z_{A3}) \\ P_{B1} = (x_{B1}, y_{B1}, z_{B1}) \\ P_{B2} = (x_{B2}, y_{B2}, z_{B2}) \\ P_{B3} = (x_{B3}, y_{B3}, z_{B3}) \end{cases} \tag{4-1}$$

根据触点坐标,可以计算出平面 A 的空间表达式。

平面 $A:z = k_{A0} + k_{A1}x + k_{A2}y$

其中

$$\begin{pmatrix} k_{A0} \\ k_{A1} \\ k_{A2} \end{pmatrix} = (W_A^{\mathrm{T}} W_A)^{-1} W_A^{\mathrm{T}} Z_A \tag{4-2}$$

$$W_A = \begin{pmatrix} 1 & x_{A1} & y_{A1} \\ 1 & x_{A2} & y_{A2} \\ 1 & x_{A3} & y_{A3} \end{pmatrix} \tag{4-3}$$

$$Z_A = \begin{pmatrix} z_{A1} \\ z_{A2} \\ z_{A3} \end{pmatrix} \tag{4-4}$$

进而可以通过计算点 P_{B1}, P_{B2}, P_{B3} 到平面 A 的距离的平均值来获取平面 A 和 B 之间的距离,比如计算 P_{B1} 到平面 A 的距离公式如下:

$$D_{P_{B1 \to A}} = \frac{| k_{A0} - z_{B1} + k_{A1}x_{B1} + k_{A2}y_{B1} |}{\sqrt{1 + k_{A1}^2 + k_{A2}^2}}$$
(4-5)

（2）数控机床在线检测热误差测量原理

数控加工在线检测系统主要包括数控机床自身、测头系统、计算机以及测量软件等。其中，测头系统由触发式测头、测头信号接收器以及接口电路等组成，并与数控机床数控系统配套使用以实现测点的触发功能。测量软件由基本宏程序库和高级软件两部分组成。基本宏程序库直接安装在数控系统上，与测头系统、CNC 系统组成一个闭环反馈控制，可以实现便携式采点、直径、距离等基本参数的测量。高级软件则安装在计算机上，该程序通过数控系统与计算机之间的接口通信下载到数控系统中，即可实现数控加工的在线检测。

在线检测的测头安装在主轴部位，而测量的工件放置于工作台上，测头对工件进行触碰记录的坐标值反映了主轴相对于工作台的运动量。热误差即主轴相对于工作台之间由于热变形产生的额外相对位移，因此，在线检测是具有测量热误差的能力的。

利用在线检测装置，在工作台上安置测量标准件。每个测量标准件为一个简单的长方体，在进行热误差检验时，利用测头触碰测量标准件记录坐标值，通过热误差产生前后记录的坐标值的差来计算热误差，如图 4-5 所示。

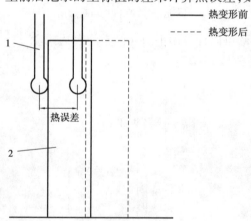

1. 在线检测测头；2. 测量标准件

图 4-5　在线检测热误差测量原理

如图 4-5 所示，如果从某一方向控制测头触碰标准件表面，并记录刚接触时的机床的运动坐标，测头回程后，在没有热误差影响的情况下，控制测头再次触碰同一点，其记录的坐标值和第一次触碰记录的坐标之间的误差值不超过机床的重复定位误差值。如果机床产生热误差,会导致测头相对于工作台发生二次偏移,所以可以通过计算两次触碰记录的坐标值之间的差来测量热误差。在线检测误差测量精度对目前的数控机床而言,可以达到极高重复定位精度,能够满足热误差测量的精度要求。

对于单个测量标准件,本著作提出了一种简单的结构原理构件予以解决,如图4-6所示,利用测头从3个方向按图4-6所标记的5个触点触碰来进行测量,即可达到和现有国际标准《机床检验通则(ISO 230-3:2007 IDT)第三部分:热效应的确定》提出的"五点测量法"同样的五自由度热误差测量效果。

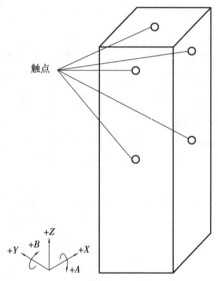

图4-6   测量标准件触点位置

4.1.3   机床温度测量

利用红外热像仪可以获取机床工作时的温度场信息,如图3-14、图3-15所示为空转和实切状态下的机床主轴区域温度场。

通常如果测量温度的目的是建立温度和热误差之间的模型,很少用红外热像仪,因为热误差模型虽然以温度作为输入变量,实则反映了热源对机床热变形的影响规律。机床热源散发的热量主要是通过热传导的方式改变温度场的,在热传导的过程中,机床不同位置处的温度之间会相互影响,进而热源的变化信息会体现在热源附近的各点温度变化信息中。

对于机床来说,虽然其机体结构和热源变化情况更加复杂,不像简单球体可以通过推导得出各点温度和热源之间的关系,但其所依据的热传递机理是一致的,据此,机床上各点的温度值变化,也能够反映热源的变化信息。

因此,对于热误差建模来说,对温度的测量基本上采用接触式的点测量方式,常用的温度传感器有热电偶传感器、热敏电阻传感器、铂热电阻和数字温度传感器等。

热电偶传感器由在一端连接的两条材质不同的金属线构成,当热电偶一端受热时,热电偶电路中就有电势差。可用测量得到的电势差来计算温度。不过,由于电压和温度是非线性关系,因此需要参考温度作第二次测量,并利用测试设备软件或硬件在仪器内部处理电压-温度变换,以最终获得热电偶的温度。简而言之,热电偶是最简单和最通用的温度传感器,但热电偶并不适合于高精度的测量和应用。

热敏电阻是用半导体材料制作的,其大多为负温度系数,即阻值随温度增加而降低,温度变化会造成大的阻值改变,因此它是最灵敏的温度传感器之一。但热敏电阻的线性度极差,并且与生产工艺有很大关系,制造商无法给出标准化的热敏电阻曲线。

铂热电阻传感器是利用"铂丝的电阻值随着温度的变化而变化"这一基本原理设计和制作的。其优点有测温范围广,稳定性好、精度高,但它的热响应慢,成本相对较高。

如图 4-7 所示为 DS18B20 型数字式温度传感器。在 -10 ~ 80 ℃ 的量程范围内,其精度可达 ±0.5 ℃,最大的优势在于传感器测头集成了 A/D 转换,可直接输出数字信号,抗干扰能力较强,适合复杂的工况环境。使用时,直接将传感器的数据输出引脚接在单片机的 I/O 口上,根据传感器内部的通信协议,通过单片机编写代码即可读取温度值。对于温度变化更高的场合,可采用高精度的热电偶、铂电阻等温度传感元件,但也会增加测量成本。

考虑到机床本体油污较多,所以不太适合采用粘贴的方式固定传感器。在试验中,著者常遇到传感器因粘贴不紧密或脱离引起实验和工程应用失败的现象,所以推荐在研究机床建模等工作时,为方便快速安装和调试,采用磁吸附的方式实现温度传感器在机床上的装夹,如图 4-8 所示,将温度传感器通过导热硅胶封装在圆筒形磁铁内,并通过引线将传感器的引脚引出。测量时只需将传感器测头贴在待测温度点位置即可。后期的工程应用可以采用多种安装方式,如螺纹连接等。

图 4-7　DS18B20 型数字式温度传感器　　　图 4-8　磁吸附式温度传感器

4.2　热误差建模理论

通过实际的测量数据来提取机床温度和热误差模型之间的关系,并用一种数学函数形式表达出来,就建立了热误差模型。热误差模型在软件补偿技术中用于根据机床温度预测热误差的值,因此其是决定补偿精度的关键环节。

之前在第 2 章也说过,要提升热误差模型的品质,除了选择合适的建模算法外,确定作为模型输入变量的机床温度测点位置十分关键,通常将确定的温度测点位置称为温度敏感点。因此,机床热误差建模包括两个关键点,即温度敏感点的选择和建模算法的选择。

目前,大量研究基本上采用分类选优的方式来选择温度敏感点,如图 4-9 所示,先对所有温度测点进行分类,将相关性强的温度测点归为一类,然后从每一类中选择一个对热误差影响权重最大的作为温度敏感点。对温度测点分类的目的是减小温度测点之间的共线性,因为从数学角度来说,共线性越小,越有利于提升后续建模算法建立模型的预测精度和稳健性。

建模算法最常用的包括多元线性回归、神经网络等,这些算法有共同的特点,即均源于残差平方和最小化思想,残差平方和见式(4-6)。

$$E = \frac{1}{n} \sum_{i=1}^{n} (y_i - \hat{y}_i)^2 \qquad (4-6)$$

其中　y_i——热误差的实际测量值;

　　　$\hat{y}_i$——热误差模型的预测值;

　　　n——测量数据的长度。

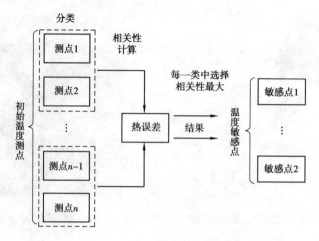

图 4-9　分类选优温度敏感点选择过程

残差平方和反映了热误差模型预测结果和实际测量结果之间的差异程度,其值越小说明模型精度越高。残差平方和最小化的思想即确定模型的系数或参数,使输入变量测量值代入模型后,得到的模型预测输出值和输出变量测量值接近程度最高。

多元回归和神经网络算法的区别在于模型形式的不同,进而求解满足残差平方和模型参数的算法也不同。多元回归模型用于输入变量和输出变量呈线性关系时的情况,模型形式是线性多项式的形式见式(4-7)。

$$y = k_0 + k_1 x_1 + k_2 x_2 + \cdots \tag{4-7}$$

其中　$x_1, x_2, \cdots$——模型的输入变量;

y——输出变量;

$k_0, k_1, k_2, \cdots$——待求解的模型系数。

多元回归模型形式比较简单,利用最小二乘算法,通过一个公式就能直接求出满足残差平方和最小化的解。

神经网络模型形式为网络节点的形式,如图 4-10 所示。

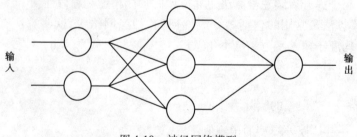

图 4-10　神经网络模型

如图 4-10 所示,神经网络包括多层节点,输入变量从第一层节点进入,经过处理传递至下一层节点,直到最后一层产生输出。每个节点都包含一些参数,理论上,如果神经网络的节点层数和每层的节点数量合适,无论输入变量和输出变量之间的关系多么复杂,均可以进行拟合。神经网络处理非线性数据的优势较大,但其模型形式的缘故,无法像多元回归那样通过公式直接求出满足残差平方和最小化的网络参数解。因此神经网络采用多次调整的方式进行建模,每一次调整均会使残差平方和小一点,直到残差平方和小到满意的程度即认为完成建模。通常将神经网络调整模型参数的建模算法称为反向传播(BP)学习算法。

除了模型对热误差的预测精度需要注意以外,模型的稳健性对于工程应用来说也是必须注意的问题。稳健性对于热误差模型来说,可以看作模型在长时间内(如几个月或一年),抵御工况环境下各种外部干扰并维持热误差预测精度的能力。模型在一定条件范围内始终保持较好的预测精度的能力,称为模型的稳健性。稳健性的强弱与模型使用条件、范围、大小密切相关。如数控机床就涉及环境温度范围、机床主轴转速范围、工艺参数设置范围等。使用条件越宽泛,稳健性越好。工程影响因素复杂,某些系统误差难以找出,但仍在一定条件下存在影响。如某些系统误差会在特定条件下(如温度场、切削量、进给量等)耦合激发出现等。相对于工程应用建模来说,实验室研究成果往往存在模型使用条件、范围狭小的问题。模型稳健性越差,意味着机床热误差补偿功效的有效条件越苛刻,可有效使用范围越窄。工程应用中,稳健性是精度的基础,没有稳健性的精度不能称为机床的精度。精度和稳健性两者相辅相成,缺一不可。机床的精度必须是在一定稳健性条件下的精度,故机床的精度必须附上保持精度的参数条件。

热误差模型精度和稳健性的提升是热误差补偿技术研究的重点和难点,本著作后续会对目前建模算法的稳健性进行详细分析。

4.3　热误差补偿嵌入技术

热误差补偿嵌入技术是热误差模型和数控机床之间的桥梁,其借助外部控制电路装置,利用温度传感器对机床温度敏感点进行测量,再将温度测量值代入热误差模型中进行预测,最后将热误差预测值反馈至数控机床。

热误差模型嵌入技术的作用在于借助外部电路,即图 4-1 中的热误差补偿器,调用模型对热误差进行预测,并将预测值传送至机床数控系统,进而机床才能发出控制机床运动的热误差补偿信号,从而实现补偿的功能。

目前最常用的嵌入方法是借助机床数控系统自带的"原点偏移功能",使机床自动根据预测值下达补偿控制信号,其原理如下:

数控机床中的坐标系分为机床坐标系和工件坐标系。机床坐标系的零点位置是机床生产厂家设定的,在机床使用过程中无法更改。工件坐标系是在机床坐标系的基础上建立的,是机床使用过程中便于编写加工程序所设置的坐标系。因此,机床主轴和工作台的移动量均是相对于工件坐标系原点而言的,原点偏移功能即指通过改变工件坐标系的原点位置,使主轴和工作台也进行相应的调整,以达到微调补偿误差的目的。

目前,市面上绝大多数数控系统是自带"原点偏移功能"的,比如 FANUC 或 SIEMENS,因此,热误差模型嵌入技术的要点在于如何稳定、准确、实时地将热误差预测值传送至数控系统,利用机床扩展 I/O 实现此技术是目前较为常用的方法。

机床数控系统的 PMC 通过 I/O 口,向外部传送或接收外部传来的信号,并存放于寄存器中。利用此功能,可借助外部电路,采用以下技术方案实现补偿嵌入,如图 4-11 所示。

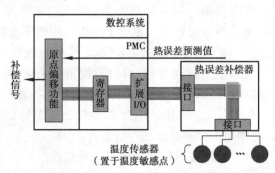

图 4-11　热误差补偿嵌入技术方案示意图

在图 4-11 中,热误差补偿器即上述外部电路,其内部的微控制器被编程写入热误差补偿模型。补偿器需要外接温度传感器,对机床温度敏感点的温度值进行测量,测量值会代入热误差模型中对热误差进行预测。同时,补偿器通过引线,将热误差预测值送入 PMC 的内部寄存器中,启用原点偏移功能后,控制器读取对应 PMC 内部寄存器中的热误差预测值,最终产生补偿信号,实现补偿的功能。

4.4   小   结

本章介绍了软件热误差补偿技术主要的技术方法,并将热误差补偿分为了3个阶段:热误差的测量、建模和补偿嵌入。热误差测量基本上采用"五点测想法"的思想,可以利用位移传感器进行测量,也可以利用在线检测技术进行测量,在测量热误差的同时,还会对机床温度进行同步测量,目的是为建模阶段提供原始数据,建立机床温度和热误差之间的数学模型。在补偿嵌入阶段,借助热误差补偿器,对机床温度进行实时测量,并带入热误差模型预测热误差,最后传递至机床数控系统实现补偿。热误差研究的重点主要集中在建模阶段,模型精度的众多影响因素,仍有待发掘,因此补偿精度还有极大的提升空间。

5

热误差建模算法基础

热误差建模的目的是借助一些数学算法,从温度和热误差测量数据中提炼其中的联系规律。本章介绍热误差建模中,温度敏感点和模型建立涉及的基础数学算法。

5.1 温度敏感点

分类选优是目前最常用的温度敏感点选择算法,即首先将所有温度测点按照相关性进行分类,把相关性强的温度测点分为一类,然后从每一类中选择一个和热误差相关性最强的作为温度敏感点。因此温度敏感点涉及的算法包括相关性计算算法以及分类算法。

5.1.1 相关性计算算法

温度敏感点的相关性是指温度敏感点和热误差之间的关联程度,相关性越强,表明温度敏感点与热误差之间的联系越紧密,有利于增强模型的精度和稳健性。如果采用相关性较弱的温度敏感点进行建模,敏感点和热误差之间的关联特性很容易随着外界条件的变化而改变。在预测时,模型会输出和热误差规律完全不相符的预测值,不仅不会提升热误差补偿模型的预测精度,反而会成为干扰项,造成模型稳健性的下降。

灰色关联度是热误差建模领域中最常用的判断温度测点和热误差之间相关性的算法。

灰色系统理论提出了对各子系统进行灰色关联度分析的概念,通过一定的方法,寻求系统中各因素之间的数值关系。简言之,灰色关联度分析的意义是指在系统发展过程中,如果两个因素变化的态势是一致的,即同步变化程度较高,则可以认为两者关联较大;反之,则两者关联度较小。采用邓氏关联度计算公式,即

$$\gamma(y, x_i) = \frac{1}{n} \sum_{i=1}^{n} r(y_k, x_{ik})$$ (5-1)

式(5-1)中,y 代表即热误差,x_i 代表为第 i 个温度测点观测值,y_k,x_{ik} 分别代表热误差和第 i 个温度测点的第 k 个观测值,$\gamma(y, x_i)$ 为热误差和第 i 个温度测点之间的灰色关联度,由各个观测值的关联度 $\gamma(y, x_i)$ 平均而来。$\gamma(y, x_i)$ 计算公式如下

$$\gamma(y, x_i) = \frac{\min_i \min_k |y_k - x_{ik}| + \eta \max_i \max_k |y_k - x_{ik}|}{|y_k - x_{ik}| + \eta \max_i \max_k |y_k - x_{ik}|}$$ (5-2)

其中 η——分辨系数,$\eta \in [0, 1]$,一般取 $\eta = 0.5$。

灰色关联度的计算结果在 $[0, 1]$,灰色关联度越高,说明两变量之间的关联程度越强。

在计算灰色关联度之前,必须要首先进行初始化处理,否则就会出现计算结果不准确情况,具体如下:

观察式(5-2),如图 5-1 所示。

$$\gamma(y, x_i) = \frac{\overset{A}{\boxed{\min_i \min_k |y_k - x_{ik}|}} + \eta \boxed{\max_i \max_k |y_k - x_{ik}|}\overset{B}{}}{\underset{C}{\boxed{|y_k - x_{ik}|}} + \eta \boxed{\max_i \max_k |y_k - x_{ik}|}\underset{D}{}}$$

图 5-1　灰色关联度计算公式剖析

从图 5-1 中可以发现,各个观测值的关联度共有 A,B,C,D 4 部分构成,其中 A,B,D 部分对于所有观测值的关联度计算来说,都是常数,所以真正能够引起灰色关联度变动的只有 C 部分。C 部分实质为热误差和第 k 个温度测点在第 k 个观测值的差,C 越小,表明温度测点和热误差变化曲线越接近,即灰色关联通过变量变化曲线的几何相似程度来判断温度测点和热误差之间的相关性。这种做法的好处在于对于处理非线性数据仍然有着良好的适应能力,但同时也导致了一个问题,如图 5-2 所示。

在图 5-2 中,3 条曲线分别代表了 3 个变量随时间变化的结果,每个变量均有 6 个测量值,对于变量 1,很明显变量 3 与其有着很明显的关联性,即 2 倍关系,而变量 2 和变量 1 无任何关系。下面分别根据 3 个变量的测量值,计算变量 1 和变量 2、3 之间的灰色关联度,将变量 1 视为 y,分别将变量 2、3 视为 x_1 和 x_2。

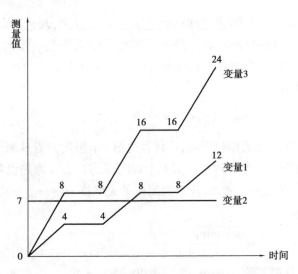

图 5-2　量纲对灰色关联度影响

首先计算图 5-1 所示的公式(5-2)A 部分,如下所示:

$$\min_i \min_k |y_k - x_{ik}| =$$
$$\min\left(\begin{array}{l}\min(|0-7|,|4-7|,|4-7|,|8-7|,|8-7|,|12-7|),\\ \min(|0-0|,|4-8|,|4-8|,|8-16|,|8-16|,|12-24|)\end{array}\right)$$

$$= 0$$

之后计算图 5-1 所示的公式(5-2)B 部分,如下所示:

$$\max_i \max_k |y_k - x_{ik}| =$$
$$\max\left(\begin{array}{l}\max(|0-7|,|4-7|,|4-7|,|8-7|,|8-7|,|12-7|),\\ \max(|0-0|,|4-8|,|4-8|,|8-16|,|8-16|,|12-24|)\end{array}\right)$$

$$= 12$$

计算变量 1 和变量 2 之间的灰色关联度,如下所示:

$$\gamma(y,x_1) = \frac{1}{6}\left(\begin{array}{l}\dfrac{0+0.5\times12}{|0-7|+0.5\times12}+\dfrac{6}{|4-7|+6}+\dfrac{6}{|4-7|+6}+\\[3mm] \dfrac{6}{|8-7|+6}+\dfrac{6}{|8-7|+6}+\dfrac{6}{|12-7|+6}\end{array}\right) \approx 0.67$$

计算变量 1 和变量 3 之间的灰色关联度,如下所示:

$$\gamma(y,x_2) = \frac{1}{6}\left(\begin{array}{l}\dfrac{0+0.5\times12}{|0-0|+0.5\times12}+\dfrac{6}{|4+4|+6}+\dfrac{6}{|4+4|+6}+\\[3mm] \dfrac{6}{|8+8|+6}+\dfrac{6}{|8+8|+6}+\dfrac{6}{|12+12|+6}\end{array}\right) \approx 0.40$$

计算结果显示,变量 1 和变量 2 之间的灰色关联度要明显高于变量 1 和变量3,显然和客观事实不符。

此问题是灰色算法原理本身导致的,没有考虑变量量纲的影响。因此,在计算灰色关联度之前,需要对变量进行无量纲化处理,常用的处理算法主要包括以下4种。

（1）总和标准化

分别求出各变量测量数据的总和,之后用各测量值除以总和,得到无量纲处理后的数据。如式(5-3)所示。

$$x'_{ik} = \frac{x_{ik}}{\sum\limits_{k=1}^{n} x_{ik}} \tag{5-3}$$

（2）标准差标准化

分别求出各变量测量数据的标准差,之后用各测量值除以标准差,得到无量纲处理后的数据,如下所示:

$$x'_{ik} = \frac{x_{ik}}{STD_{x_i}} \tag{5-4}$$

其中:

$$STD_{x_i} = \sqrt{\frac{\sum\limits_{k=1}^{n} (x_{ik} - MN_i)}{n}} \tag{5-5}$$

$$MN_{x_i} = \frac{\sum\limits_{k=1}^{n} x_{ik}}{n} \tag{5-6}$$

（3）极大值标准化

分别求出各变量测量数据的极大值,之后用各测量值除以极大值,得到无量纲处理后的数据,如下所示:

$$x'_{ik} = \frac{x_{ik}}{\max(x_i)} \tag{5-7}$$

（4）极差标准化

分别求出各变量测量数据的极差,即极大值减去极小值,之后用各测量值减去极小值,再除以极差,得到无量纲处理后的数据,如下所示:

$$x'_{ik} = \frac{x_{ik} - \min(x_i)}{\max(x_i) - \min(x_i)} \tag{5-8}$$

上述标准化的处理算法会造成应用时难以统一,并且上述算法也并不完美,比如对于第一种,如果数据是关于坐标轴完全对称,总和为0,无法进行除法运算,应该如何处理? 类似,对于极大值标准化,图 5-2 中所示变量 3 的极大值为 0,同样无法进行除法运算,均会造成处理上的不便。

此外,灰色关联度无法处理负相关,如图 5-3 所示。

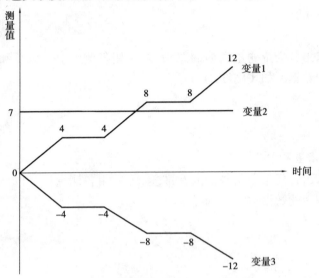

图 5-3 用于解释灰色关联度的变量变化曲线

在图 5-3 中,3 条曲线分别代表了 3 个变量随时间变化的结果,每个变量均有 6 个测量值,对于变量 1,很明显变量 3 与其有着很明显的关联性,即完全按照变量 1 的负方向变化,而变量 2 和变量 1 无任何关系。并且,变量 1 和变量 3 不存在倍数关系,处于同一量纲,不存在量纲不同影响计算结果的情况。

下面分别根据 3 个变量的测量值,计算变量 1 和变量 2、3 之间的灰色关联度,将变量 1 视为 y,分别将变量 2、3 视为 x_1 和 x_2。

首先计算图 5-1 所示的公式(5-2)A 部分,如下所示:

$$\min_i \min_k |y_k - x_{ik}| =$$
$$\min\begin{pmatrix} \min(\,|0-7|\,,\,|4-7|\,,\,|4-7|\,,\,|8-7|\,,\,|8-7|\,,\,|12-7|\,)\,, \\ \min(\,|0-0|\,,\,|4+4|\,,\,|4+4|\,,\,|8+8|\,,\,|8+8|\,,\,|12+12|\,) \end{pmatrix}$$
$$= 0$$

之后计算图 5-1 所示的公式(5-2)B 部分,如下所示:

$$\max_i \max_k |y_k - x_{ik}| =$$
$$\max\begin{pmatrix} \max(\,|0-7|\,,\,|4-7|\,,\,|4-7|\,,\,|8-7|\,,\,|8-7|\,,\,|12-7|\,)\,, \\ \max(\,|0-0|\,,\,|4+4|\,,\,|4+4|\,,\,|8+8|\,,\,|8+8|\,,\,|12+12|\,) \end{pmatrix}$$

= 24

计算变量 1 和变量 2 之间的灰色关联度,如下所示:

$$\gamma(y,x_1) = \frac{1}{6}\left(\frac{0 + 0.5 \times 24}{|0 - 7| + 0.5 \times 24} + \frac{12}{|4 - 7| + 12} + \frac{12}{|4 - 7| + 12} + \frac{12}{|8 - 7| + 12} + \frac{12}{|8 - 7| + 12} + \frac{12}{|12 - 7| + 12}\right) \approx$$

0.80

计算变量 1 和变量 3 之间的灰色关联度,如下所示:

$$\gamma(y,x_2) = \frac{1}{6}\left(\frac{0 + 0.5 \times 24}{|0 - 0| + 0.5 \times 24} + \frac{12}{|4 + 4| + 12} + \frac{12}{|4 + 4| + 12} + \frac{12}{|8 + 8| + 12} + \frac{12}{|8 + 8| + 12} + \frac{12}{|12 + 12| + 12}\right) \approx$$

0.57

计算结果显示,变量 1 和变量 2 之间的灰色关联度要明显高于变量 1 和变量 3,显然和客观事实不符。原因也很简单,即变量 1 和 3 的变化趋势是完全相反的,所以画出来的曲线在几何上的距离相距非常远,灰色关联度不认为这两个变量具有相关性。因此,本著作推荐采用经典的相关系数计算相关性。

对于两变量 x,y,其之间的相关系数计算公式如下:

$$\rho_{xy} = \frac{\sum\limits_{k=1}^{n}(x_k - MN_x)(y_k - MN_y)}{\sqrt{\sum\limits_{k=1}^{n}(x_k - MN_x)^2}\sqrt{\sum\limits_{k=1}^{n}(y_k - MN_y)^2}} \tag{5-9}$$

其中,MN_x 表示平均值,计算方法见式(5-6)。

相关系数不会受到量纲的影响,并且相关系数能够表示负相关性,相关系数从 1 变化至 0 再至 -1,表示两个变量从正相关至不相关再至负相关。

5.1.2　分类算法

对于热误差建模,模糊聚类是最常用的温度测点分类算法。

对事物的类别分析是对事物进行统计分析的前提,而类别分析本身也是一种有效的统计方法。人们总是希望被研究的对象具有严格的类别与属性,便于我们能够对事物的客观属性进行精确的类别分析。但是事实并非如此,大多数研究的对象并不具有严格非此即彼的属性,无法进行硬性归类。在很多时候,各类别之间的特征差异也不是十分明显。模糊集合理论的提出有效地解决了这一问题,模糊理论是一门专门研究不具备非此即彼类别属性的集合,可以通过一定的指定隶属度对模糊集合进行合理划分。

聚类分析是一种专门用于对研究样本内各个对象之间某种属性的相似程度进行分类的方法,能够根据各个被分类对象之间的相似程度,将各个对象分为若干簇,其中相似程度比较高的对象构成一簇,对样本的整个分类过程就是对研究对象进行聚类的过程。简单地说聚类就是分类,用于将所有研究对象以某一特定的准则和规律进行类别划分。

模糊聚类就是用模糊数学的理论去研究聚类问题,根据模糊理论的计算方法提炼出被研究对象之间隐含的内在规律,然后按照这个内在规律对研究对象进行分类。而被研究对象通常具有比较繁多的内涵表达和属性,研究人员必须将所有的内在规律、研究背景和实际要求相结合,根据研究过程需要,合理地选择某一规律对研究对象进行分类。相似性是连接同类别物体之间的桥梁,对研究样本各个对象之间相似性的计算是对其进行模糊聚类的前提,而相似性的计算方法很多,但其最终目的都是根据一定的过程得到相似性的具体相似系数,然后进行归类。

模糊聚类具体步骤如下:

依据各温度测点之间的相关程度,用统计方法定量温度测点之间的模糊关系,对温度变量进行分类。通俗地说,即将温度测点之间模糊关系大于某一阈值的归为一类。为了运算直观简单,一般将模糊关系转化为模糊矩阵,用模糊矩阵进行模糊聚类分析,其步骤如下:

①构造模糊相似矩阵。采用相关系数法建立温度测点模糊相似矩阵 $R = [r_{i,j}]_{m \times m}$,其中 m 表示有 m 个温度测点,$r_{i,j}$ 表示第 i 和第 j 个温度测点之间的相关系数绝对值,计算方法见式(5-6)。

比如,若有 10 个温度测点 $T1 \sim T10$,建立的模糊相似矩阵如图 5-4 所示。

	T1	T2	T3	T4	T5	T6	T7	T8	T9	T10
T1	1.000 0	0.998 3	0.994 5	0.996 4	0.999 2	0.974 5	0.929 9	0.989 3	0.976 3	0.909 2
T2	0.998 3	1.000 0	0.998 6	0.999 4	0.998 7	0.984 4	0.944 6	0.995 3	0.985 9	0.922 5
T3	0.994 5	0.998 6	1.000 0	0.999 5	0.995 9	0.990 5	0.954 5	0.998 1	0.991 8	0.930 5
T4	0.996 4	0.999 4	0.999 5	1.000 0	0.997 7	0.987 3	0.948 9	0.996 7	0.989 0	0.925 0
T5	0.999 2	0.998 7	0.995 9	0.997 7	1.000 0	0.976 2	0.932 0	0.990 5	0.978 4	0.909 1
T6	0.974 5	0.984 4	0.990 5	0.987 3	0.976 2	1.000 0	0.984 1	0.996 4	0.999 6	0.964 5
T7	0.929 9	0.944 6	0.954 5	0.948 9	0.932 0	0.984 1	1.000 0	0.969 3	0.982 4	0.991 7
T8	0.989 3	0.995 3	0.998 1	0.996 7	0.990 5	0.996 4	0.969 3	1.000 0	0.997 0	0.948 9
T9	0.976 3	0.985 9	0.991 8	0.989 0	0.978 4	0.999 6	0.982 4	0.997 0	1.000 0	0.961 0
T10	0.909 2	0.922 5	0.930 5	0.925 0	0.909 1	0.964 5	0.991 7	0.948 9	0.961 0	1.000 0

T1和T2温度测点之间的相关系数绝对值

图 5-4　模糊相似矩阵示意图

如图 5-4 所示,模糊相似矩阵的每一个元素都是当前行和列对应两温度测点之间的相关系数绝对值,是一个介于 0 ~ 1 的数字,组成一个对称矩阵,并且对角线的元素一定是 1。除了相关系数,也可以根据需求采用别的方法来衡量变量之间的相关性,并将其变换为 0 ~ 1 的值。

但模糊相似矩阵并不能用于聚类,因为不具备模糊关系的传递性,将图 5-4 显示的模糊相似矩阵聚焦到 $T1 \sim T4$,如图 5-5 所示。

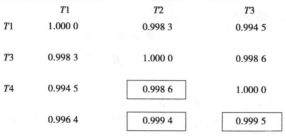

图 5-5　模糊相似不具备传递性示意图

如图 5-5 所示,分别用 $F(T2,T4)$、$F(T3,T4)$、$F(T2,T3)$ 表示 $T2,T4,T3,T4,T2,T3$ 温度测点之间的模糊相似值,如下:

$$F(T2,T4) = 0.999\,4$$
$$F(T3,T4) = 0.999\,5$$
$$F(T2,T3) = 0.998\,6 \tag{5-10}$$

对于式(5-10),如果给定阈值为 0.999 0,则 $F(T2,T4)$ 和 $F(T3,T4)$ 均大于阈值,即认为 $T2$ 和 $T4$ 应该被分为一组,同时 $T3$ 和 $T4$ 也应该被分为一组。但是 $F(T2,T3)$ 小于阈值,不应该属于同一组,因此引发问题,$T4$ 到底应该和谁一组?

造成这种问题的原因即模糊相似矩阵不具备传递性,模糊关系的传递性定义如下:

若元素 A,B 和元素 A,C 之间的模糊关系均大于阈值,则元素 B,C 之间的模糊关系一定大于阈值。

②建立模糊等价矩阵。模糊等价矩阵即对模糊相似矩阵进行处理,使其具有传递性。

根据模糊关系传递性的定义,对于元素 A,B,若能找到一个元素 C,使元素 A,B 和元素 A,C 之间的模糊关系的最小值也大于 A,B 元素当前的模糊关系,则将此最小值作为新的 A,B 元素模糊关系。即

对于温度测点 T_i 和 T_j,若有温度测点 T_k,

使得 $F(T_i,T_k) > F(T_i,T_j)$,且 $F(T_j,T_k) > F(T_i,T_j)$,则 $F(T_i,T_j) = \min(F(T_i,T_k),F(T_j,T_k))$。

对于图 5-4 所示温度测点建立的模糊相似矩阵,每两个元素之间的模糊关系均可以通过所有其他温度测点介入重新赋值。直到找到一个使模糊关系达到最大的中间介入变量,即

$$F(T_i, T_j) = \max_{k=1,\cdots,N} (\min(F(T_i, T_k), F(T_j, T_k))) \tag{5-11}$$

在式(5-11)中,N 表示温度测点个数。据此,采用平方法即可将模糊相似矩阵 $\boldsymbol{R}$ 构造成模糊等价矩阵 $t(\boldsymbol{R})$,见式(5-12)。

$$\left.\begin{aligned} \boldsymbol{R} \times \boldsymbol{R} &= \boldsymbol{R}^2 \\ \boldsymbol{R}^2 \times \boldsymbol{R}^2 &= \boldsymbol{R}^4 \\ &\vdots \\ \boldsymbol{R}^{2v} \times \boldsymbol{R}^{2v} &= \boldsymbol{R}^{2(v+1)} \end{aligned}\right\} \tag{5-12}$$

经过有限次运算后,会发现 $\boldsymbol{R}^{2v} = \boldsymbol{R}^{2(v+1)}$,此时取 $t(\boldsymbol{R}) = \boldsymbol{R}^{2v}$ 为所求的模糊等价矩阵,其中包含用于传感器分类判别的元素 Λ。

注意,式(5-12)中的矩阵平方运算采用的是模糊加"$\cup$"和模糊乘"$\cap$",其中:

$$A \cup B = \max(A, B) \tag{5-13}$$
$$A \cap B = \min(A, B) \tag{5-14}$$

③从模糊等价矩阵 $t(\boldsymbol{R})$ 中提取 Λ 对温度变量进行分类,将矩阵中数值大于 Λ 的对应温度测点归为一类。

模糊聚类算法根据判别元素 Λ 会获得温度传感器的不同分类。进而从每一类中选择一个相关性最强的温度测点,作为温度敏感点的个数也不相同。通常,选择 2~4 个温度敏感点足以满足模型精度要求。

5.2　热误差建模算法

热误差建模算法是用于建立温度敏感点和热误差之间的数学模型。

类似于工程中通常认为的数学建模,热误差建模也是从数据中提取数学表达式以描述数据中包含的规律的过程。只不过针对热误差的一些特殊性,对具体的算法进行了一些改进,比如,在建模之前,增加了温度敏感点的选择。为了便于理解,本节首先介绍一些常用的基础的建模算法。包括多元回归算法、神经网络等。

5.2.1　多元回归算法

残差平方和最小化思想是工程中常用多元回归建模算法的核心思想,原

理如下。

如果将模型视为一个函数,则函数的输出由代入函数的自变量和函数中包含的系数共同决定。假设现在有一个函数,包含 1 个因变量和 m 个自变量,如式(5-15)所示。

$$y = f(x_1, x_2, \cdots, x_m) \tag{5-15}$$

现有一组所有上述函数自变量和因变量的测量值,分别记为 $\boldsymbol{y}_0$ 和 $\boldsymbol{X}_0$,如式(5-16)所示。

$$\boldsymbol{y}_0 = \begin{pmatrix} y_1 \\ y_2 \\ \vdots \\ y_n \end{pmatrix}, \boldsymbol{X}_0 = \begin{pmatrix} x_{11} & x_{21} & & x_{m1} \\ x_{12} & x_{22} & \cdots & x_{m2} \\ \vdots & \vdots & & \vdots \\ x_{1n} & x_{2n} & & x_{mn} \end{pmatrix} \tag{5-16}$$

其中,n 为每组测量值的长度,显然,如果将 $\boldsymbol{X}_0$ 带入式(5-15)中,无论函数的系数是多少,总能求出一组因变量的函数输出值,不妨记为 $\widehat{\boldsymbol{y}}$,如式(5-17)所示。

$$\widehat{\boldsymbol{y}} = \begin{pmatrix} \widehat{y_1} \\ \widehat{y_2} \\ \vdots \\ \widehat{y_n} \end{pmatrix} \tag{5-17}$$

$\widehat{\boldsymbol{y}}$ 越接近 $\boldsymbol{y}_0$,说明函数对数据中蕴含规律的表达越准确,残差平方和即用于描述 $\widehat{\boldsymbol{y}}$ 和 $\boldsymbol{y}_0$ 之间的接近程度,如式(5-18)所示。

$$E = \sum_{i=1}^{n} (y_i - \widehat{y_t})^2 \tag{5-18}$$

其中 E 为残差平方和,通过对 $\widehat{\boldsymbol{y}}$ 和 $\boldsymbol{y}_0$ 每个测量值之间差值进行平方求和计算得出,E 越小,说明 $\widehat{\boldsymbol{y}}$ 越接近 $\boldsymbol{y}_0$。

当函数中系数发生改变,会引起 $\widehat{\boldsymbol{y}}$ 的变化,进而引起 E 的变化。也就是说,E 和函数系数也存在一个对应的函数关系,如式(5-19)所示。

$$E = f_E(k_0, k_1, k_2, \cdots, k_l) \tag{5-19}$$

其中,$k_0, k_1, k_2, \cdots, k_l$ 为式(5-15)所示函数包含的系数,残差平方和最小化的建模思想即找到一种系数的组合,使 E 达到最小值。基于此思想,多元回归和神经网络等算法均为常用的求解算法。

多元回归将待建立的模型视为线性多项式形式,比如:

$$y = k_0 + k_1 x_1 + k_2 x_2 + \cdots \tag{5-20}$$

当模型为非线性时,可以通过一定的变换成线性形式,比如:

$$y = k_0 + k_1 x_1 + k_2 x_1^2 + k_2 \ln x_1 \tag{5-21}$$

只要将 x_1、x_1^2、$\ln x_1$ 分别视为模型的 3 个自变量,则模型依然呈线性多项式形式。

通过求取偏导数的零点可以求出函数的极值点,根据式(5-18)可以看出,残差平方和不存在最大值,因此,只要残差平方和关于模型系数的函数(式(5-19))有极值点,并且唯一,则肯定是残差平方和极小值点。进而,求取式(5-19)的偏导数零点,可以列出以下方程:

$$\begin{cases} \dfrac{\partial E}{\partial k_0} = 0 \\[2mm] \dfrac{\partial E}{\partial k_1} = 0 \\[1mm] \quad\vdots \\[1mm] \dfrac{\partial E}{\partial k_l} = 0 \end{cases} \tag{5-22}$$

方程具体的求解过程本节不再详述,求解的结果如下所示。

$$\begin{pmatrix} k_0 \\ k_1 \\ \vdots \\ k_l \end{pmatrix} = (X_C^T X_C)^{-1} X_C^T Y_0 \tag{5-23}$$

其中,$X_C = (1 \quad X_0) = \begin{pmatrix} 1 & x_{11} & x_{21} & & x_{m1} \\ 1 & x_{12} & x_{22} & \cdots & x_{m2} \\ 1 & \vdots & \vdots & & \vdots \\ 1 & x_{1n} & x_{2n} & & x_{mn} \end{pmatrix}$。

5.2.2 神经网络算法

相对于多元回归,神经网络在非线性模型的处理上有优势,理论上,神经网络可以拟合出任意复杂形状的曲线。并且,如果模型建立后,又得到新的建模数据,神经网络作为一种学习算法,重新更新模型较为简单,而多元回归模型只能结合之前建模所用的数据重新建模。但神经网络也有其弊端,在下文会进行介绍。

神经网络模型从形式上是节点构成的网络状结构,包括输入层、隐藏层和输出层,如图5-6所示。

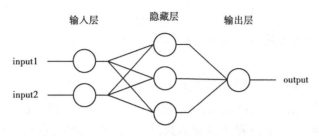

图 5-6 神经网络模型结构形式

图 5-6 中所示的神经网络,输入层有两个节点,说明模型有两个输入变量;有一个输出层节点,说明模型有一个输出变量。也就是说,模型的输入层和输出层节点数由输入变量和输出变量决定。隐藏层可以有多层,且每一层的节点数可以不一样。对神经网络的结构优化主要就是指对隐藏层的层数和每层的节点数进行合理的选择。

神经网络节点的工作原理如图 5-7 所示。

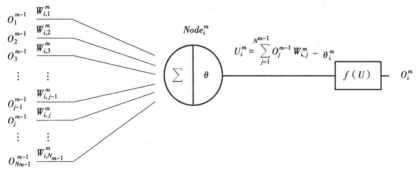

图 5-7 神经网络节点工作原理

在图 5-7 中,示意了一个位于 m 层的节点 $Node_i^m$,工作时,其首先对上一层节点的输出 $O_1^{m-1}, O_2^{m-1}, \cdots, O_{N_{m-1}}^{m-1}$ 按照权值 $W_{i,1}^m, W_{i,2}^m, \cdots, W_{i,N_{m-1}}^m$ 进行加权求和,并减去阈值 θ_i^m 得到活化值 U_i^m,之后代入转移函数 $f(U)$ 求取节点 $Node_i^m$ 的输出 O_i^m,传给下一层节点,直至到达输出层。

其中,N_{m-1} 指 $m-1$ 层节点的个数。

通常,每一层的节点具有相同的转移函数,且常用的转移函数有 sigmoid、tanh 和 pureline 3 种形式,分别如下所示:

$$\text{sigmoid:} f(U) = \frac{1}{1 + e^{-U}} \tag{5-24}$$

$$\text{tanh:} f(U) = \frac{e^U - e^{-U}}{e^U + e^{-U}} \tag{5-25}$$

$$\text{pureline}: f(U) = U \tag{5-26}$$

利用神经网络进行建模的过程其实就是对节点权值和阈值进行调整的过程。

根据式(5-18),将输入变量实际测量值代入神经网络得到的输出值与输出变量的实际测量值进行比较,可以求得残差平方和 E,进而根据式(5-19), E 也是关于神经网络中所有参数的函数,只不过对于神经网络,参数变成了网络中每个节点的权值 $W_{i,1}^m, W_{i,2}^m, \cdots, W_{i,N_{m-1}}^m$ 以及阈值 θ_i^m。如果对 E 关于所有连接权值 $W_{i,j}^m$ 和阈值 θ_i^m 求全微分,可得

$$\mathrm{d}E = \sum_{m=2}^{M} \sum_{i=1}^{N^m} \sum_{j=1}^{N^{m-1}} \frac{\partial E}{\partial W_{i,j}^m} \cdot \mathrm{d}W_{i,j}^m + \sum_{m=2}^{M} \sum_{i=1}^{N^m} \frac{\partial E}{\partial \theta_i^m} \cdot \mathrm{d}\theta_i^m \tag{5-27}$$

其中,M 为神经网络的层数,仔细观察式(5-27),可以发现求全微分时,是从第二层 $\left(\sum\limits_{m=2}^{M} \right)$ 开始的,即忽略了作为第一层的输入层,这是因为通常在输入层不设置权值和阈值,输入变量直接传给下一层。

如果对于每一次调整神经网络的参数时,令权值和阈值的调整量分别如下:

$$\mathrm{d}W_{i,j}^m = -\eta \cdot \frac{\partial E}{\partial W_{i,j}^m} \tag{5-28}$$

$$\mathrm{d}\theta_i^m = -\eta \cdot \frac{\partial E}{\partial \theta_i^m} \tag{5-29}$$

其中,$\mathrm{d}W_{i,j}^m$ 和 $\mathrm{d}\theta_i^m$ 分别为权值和阈值调整量,η 为学习速率。

分别将式(5-28)和(5-29)代入式(5-27),即可求出则每次调整之后,残差平方和 E 的变化量,如下所示:

$$\mathrm{d}E = -\eta \cdot \left(\sum_{m=2}^{M} \sum_{i=1}^{N^m} \sum_{j=1}^{N^{m-1}} \left(\frac{\partial E}{\partial W_{i,j}^m} \right)^2 + \sum_{m=2}^{M} \sum_{i=1}^{N^m} \left(\frac{\partial E}{\partial \theta_i^m} \right)^2 \right) < 0 \tag{5-30}$$

其中,$\mathrm{d}E$ 为每次参数调整 E 的变化量,η 越大,E 每次调整时的变化越大。

根据式(5-30),可见每次调整,E 的变化总是向负方向变化,但同时 E 作为平方和项,是一定大于 0 的,因此,神经网络的每一次调整,都是向着残差平方和减小的方向。如果不断按此方法调整神经网络中的参数,则会使残差平方和不断减小,最终减小到可接受范围内,即认为完成建模。

本节最后解释一下神经网络建模中,著者认为容易陷入误区的地方。

①根据式(5-30)的解释,可能有研究人员会产生疑问:如果无限次数调整神经网络,会不会使 E 最终小于 0?

E 作为平方和的形式,是不可能小于 0 的。其实,对于式(5-30),dE 小于 0 是有前提的,即在当前网络参数附近的小范围内能够保证,如图 5-8 所示。

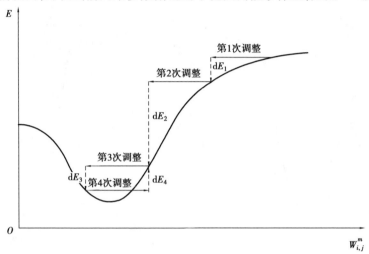

图 5-8　残差平方和变化过程

图 5-8 所示为残差平方和 E 随某一节点权值 $W_{i,j}^m$ 的调整而变化的过程,对于每次参数调整的方向,实际上是以当前参数点作为参考的,比如,第 4 次调整时,根据参数调整之前的起点位置,可以看出向横坐标正方向调整会减小残差平方和,但是当调整量过大,E 略过极小值后,继续调整反而增大了 E。因此,神经网络并非调整次数越多,E 越会无限减小。

②为什么不和多元回归一样,仿照式(5-22),直接列方程求解使残差平方和处于最小的网络参数?

首先观察式(5-24)和式(5-25)所示的非线性转移函数,其形式较为复杂,加上神经网络节点传递的累加,最终形成的函数形式非常复杂,导致列方程式极为困难。另外对于非线性神经网络,其残差平方和 E 不止有 1 个极小值,如图 5-9 所示。

如图 5-9 所示,随着网络参数的变化,残差平方和 E 存在一个最小值,但同时,也会在多个地方出现局部极小值,理论上这些局部极小值也满足方程(5-22),因此列方程是无法直接求解的。

其实,神经网络在接近某一局部最小值后,是不会跳出来的,比如,图 5-8 如果存在第 5 次调整,理论上会向着横坐标负方向,当调整再次略过极小值后,会再次向横坐标正方向调整,此现象称为陷入局部极小值。而神经网络能否到达真正的全局最小值,全凭神经网络调整之前的初始参数分布。因此,这是神经网络采用非线性转移函数造成的一个很大的弊端,也是一个研究的热点。

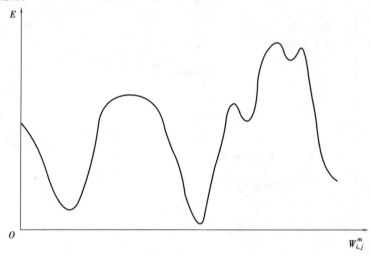

图 5-9　残差平方和大范围变化过程

如果对于所有节点,均选择式(5-26)所示的线性转移函数,则神经网络其实就是多元线性回归,对于同样的测量数据,两种建模算法能够得到完全一模一样的结果,此时神经网络也不再具备非线性拟合上的优势。

热误差建模并非算法越复杂越好,模型稳健性、优劣性是由模型所表达的变化规律与现实热误差变化规律的符合程度来决定的,也就是模型与误差规律的契合度大小。对于热误差建模,热误差和温度之间基本是线性相关,而神经网络算法的非线性优势在此并不突出;此外,在模型应用补偿后,无法实现在机床运转时同时实时获得热误差和温度的测量值,也就难以发挥神经网络在模型在线更新修正上的优势。因此,本著作建模倾向于根据数控机床实际工况误差变化规律,选用合理的算法建立热误差补偿模型,模型优劣的评估应在于模型契合度状态。

5.3　小　结

本章对热误差建模所需要的基础算法进行了介绍,包括温度敏感点选择和建模算法两部分。温度敏感点指预测热误差所依据机床温度测点的位置，即热误差模型的输入变量，目前常用的选择方式是分类选优，先将所有温度测点根据其之间相关性进行聚类，然后从每一类中选出一个和热误差相关性最强的作为温度敏感点。基于此，本著作介绍了常用的相关性计算算法和分类算法，相关性计算算法包括灰色关联度和相关系数，分类算法为模糊聚类算法。

建模算法的作用是建立温度敏感点和热误差之间数学模型，常用的算法包括多元回归、神经网络等，这些算法都是基于残差平方和最小化的思想提出的，使得模型和建模数据匹配程度达到最高。

对于上述基础算法，本著作发现在某些场合，会出现不适用的情况，导致热误差模型预测精度稳健性的下降。显然，完全依赖模型的选择，并不能解决模型预测的稳健性的问题，后续的研究会对其进行进一步改进和提升。

6

热误差稳健性建模算法

精度理论稳健性是相对的。在工程应用中，影响加工装备精度的因素繁杂多样。研究人员常常人为设立权重影响因素，然后针对性地进行研究，此种研究方法简单明了，单因素或少因素影响规律研究容易深入，对于揭示影响精度变化的机理有极大帮助，也是科研人员常用方法，但对于工程应用来说过于理想化，实验条件也较为严苛。此种研究成果直接用于提升机床运行精度，则机床运行的工况要求必须符合实验研究条件，才能有良好功效。而这种条件显然在工程应用中大多难以满足，我们就称这种精度补偿效果稳健性差。所以稳健性强与弱，关键就在于保持良好精度补偿功效的装备所适用的工况是宽还是窄。稳健性表示了热误差模型在长期工况环境下，抵御外部干扰并维持热误差预测精度的能力。从数学层面来说，作为热误差模型输入变量的温度敏感点之间共线性是造成稳健性下降的主要问题。通过温度敏感点选择，减小温度敏感点之间的共线性是一种解决共线性问题的常用手段，但在工程应用中，仅通过温度敏感点的选择解决共线性会引发其他的问题，本著作对此提出了一种基于建模算法的共线性解决策略。

6.1 温度敏感点共线性

温度敏感点的共线性指温度敏感点之间的关联程度，共线性强使得模型的预测稳健型下降。因此，降低温度敏感点共线性，对于提升模型精度有一定的帮助。

方差膨胀因子(VIF)常用于衡量变量之间的共线性，计算方法如下所示。

对于 l 个变量 $x_1, x_2, \cdots, x_l$，首先将 x_1 视为因变量，将 $x_2, \cdots, x_l$ 视为自变量，根据测量数据建立自变量和因变量之间的多元回归模型，之后将 $x_2, \cdots, x_l$ 的测量值代入模型中，求出模型对 x_1 的估计值，记为 $\widehat{x_1}$。

将 x_1 的测量值记为 $x_1 = \{x_{11}, x_{12}, \cdots, x_{1n}\}$，将 $\widehat{x_1}$ 记为 $\widehat{x_1} = \{\widehat{x_{11}}, \widehat{x_{12}}, \cdots, \widehat{x_{1n}}\}$。

求出因变量 x_1 关于自变量 $x_2, \cdots, x_l$ 的回归决定系数，如下：

$$R_1^2 = 1 - \frac{\sum_{i=1}^{n} (x_{1i} - \widehat{x_{1i}})^2}{\sum_{i=1}^{n} (x_{1i} - MN_{x_1})^2} \tag{6-1}$$

其中，MN_{x_1} 表示 x_1 的测量值的平均值，计算方法见式(6-2)。

$$MN_{x_i} = \frac{\sum_{k=1}^{n} x_{ik}}{n} \tag{6-2}$$

求出 x_1 作为因变量的方差膨胀因子，如下：

$$VIF_1 = \frac{1}{1 - R_1^2} \tag{6-3}$$

利用相同的方法求出其他变量 $x_2, \cdots, x_l$ 作为因变量的方差膨胀因子，分别记为 $VIF_2, VIF_3, \cdots, VIF_l$。

最终 l 个变量 $x_1, x_2, \cdots, x_l$ 之间的方差膨胀因子为所有单个变量膨胀因子的最大值，如下：

$$VIF = \max\{VIF_1, VIF_1, \cdots, VIF_l\} \tag{6-4}$$

通常，认为变量之间 $VIF > 10$，表示共线性问题会影响到模型准确性。

6.2 温度敏感点共线性和关联性

温度敏感点作为热误差模型的输入变量，是实现热误差预测的数据源头，因此，为了保证热误差补偿模型具有良好的预测精度和稳健性，合适的温度敏感点选择是必要的前提。目前温度敏感点选择方法基本上基于分类选优的思想，常用的为模糊聚类结合灰色关联度算法，这种算法优先考虑了减小温度敏感点之间的共线性。然而，作者在实验中发现，在减小共线性的同时，也会导致温度敏感点和热误差之间关联性的下降，即无法同时实现减小共线性和提升关联性。利用弱相关性温度敏感点进行建模，存在预测精度低的缺陷。

6.2.1 热误差实验

采用五点测量法对热误差进行测量,同时,在机床热源附近安置共 20 个 DS18B20 数字式温度传感器对温度进行测量,传感器位置如表 6-1 和图 6-1 所示。

表 6-1 温度传感器安放位置表

编　号	安放位置
$T1 \sim T5$	主轴前端
$T6$	主轴箱体
$T7$	主轴打刀缸底座
$T8$	主轴电机
$T9$	主轴箱内腔体
$T10$	环境温度
$T11$	X 轴丝杠轴承座
$T12, T14$	X 轴丝杠螺母
$T13, T15$	X 轴电机
$T16, T17$	Y 轴电机
$T18, T19$	Y 轴丝杠螺母
$T20$	Y 轴丝杠轴承座

其中 20 个数字式温度传感器分别记为 $T1 \sim T20$,$T10$ 温度传感器用于测量环境温度,贴在机床机壳上,未在图 6-1 中标出。

每次实验的整个测量过程包括两个部分,除了对热误差进行测量外,为了使机床充分产热引起热误差,在测量热误差的间隙,控制机床运行,使主轴旋转,工作台做矩形运动,整个热误差实验过程如下。

如图 6-2 所示,热误差测量和机床运行循环交替进行,其中工作台做矩形移动时,X、Y 向的进给率为 1 500 mm/min,主轴转速在 2 000、4 000 和 6 000 r/min 之间随机选取,每个循环机床运行时间约为 3 min,之后控制工作台运动至热误差测量位置,并且同时给热误差测量系统和温度测量系统发送测量信号。测量系统在收到信号后,对位移传感器和温度传感器的数值进行读取,并发送至工控机进行显示和保存,之后再次控制机床运行,进入下一轮循环。每次循环的时间约为 210 s,多次循环总的持续时间在 4 ~ 6 h 不等,当机床受热均匀后,热误差不再变动,即停止循环,完成测量。

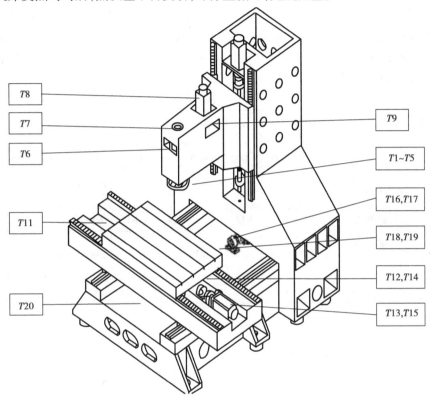

图 6-1　温度传感器安放位置示意图

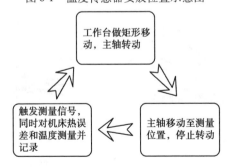

图 6-2　机床热误差实验过程图

著作在不同主轴转速以及室内无空调的环境温度自由变化条件下一共做了 18 批次实验,记为 K1 ~ K18,时间跨度从春季至冬季,如表 6-2 所示。

由于实验量过大,碍于篇幅原因,所以选择具有代表性的 K1、K9、K18 共 3 批次实验的实验数据进行展示。其中,图 6-3 为 K1 批次实验温度变化曲线,图 6-4 为 K1 批次实验热误差变化曲线;图 6-5 为 K9 批次实验温度变化曲线,图 6-6 为 K9 批次实验热误差变化曲线;图 6-7 为 K18 批次实验温度变化曲线;图 6-8 为 K18 批次实验热误差变化曲线。图 6-3、图 6-5 和图 6-7 中,横坐标表示时间,纵坐标表示温度变化量,图 6-4、图 6-6 和图 6-8 中,横坐标表示时间,纵坐标表示热误差变化量。

表 6-2 实验参数

实验批次	K1	K2	K3	K4	K5	K6	K7	K8	K9
主轴转速 /(r·min⁻¹)	2 000	4 000	4 000	6 000	2 000	6 000	2 000	4 000	6 000
环境温度/℃	9.38	5.31	10.0	10.8	10.6	7.06	6.56	9.25	9.81
实验批次	K10	K11	K12	K13	K14	K15	K16	K17	K18
主轴转速 /(r·min⁻¹)	6 000	4 000	2 000	4 000	2 000	4 000	4 000	4 000	6 000
环境温度/℃	5.75	4.38	3.39	4.50	8.88	14.4	20.5	20.8	21.6

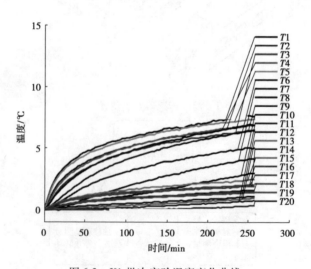

图 6-3 K1 批次实验温度变化曲线

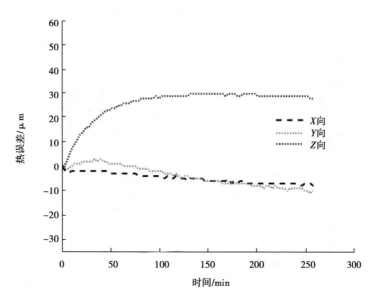

图 6-4 K1 批次实验热误差变化曲线

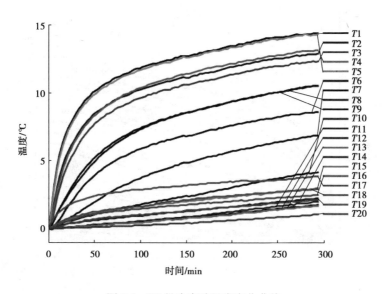

图 6-5 K9 批次实验温度变化曲线

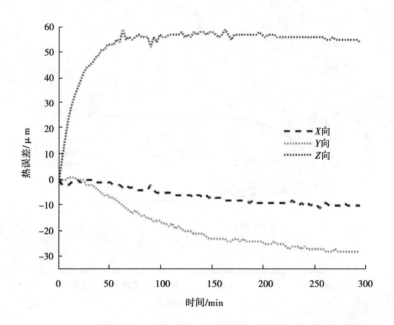

图 6-6　K9 批次实验热误差变化曲线

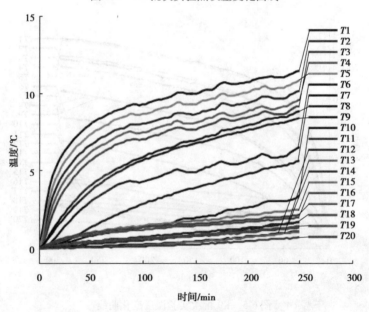

图 6-7　K18 批次实验温度变化曲线

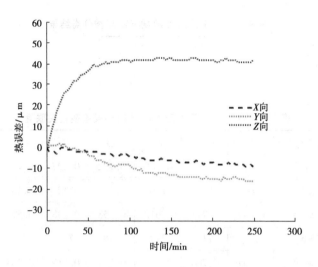

图 6-8　K18 批次实验热误差变化曲线

根据图 6-3、图 6-5 和图 6-7 可以看出,随着时间变化,初始阶段温度变化较快,然后变化速率逐渐下降,最后几乎趋于恒定,说明机床已保持热平衡状态。根据图 6-4、图 6-6 和图 6-8 可以看出,随着时间变化,数控机床三轴热变形在各批次实验中所表现的热变形趋势类似,也均为首先快速变化,随着机床逐渐达到热平衡,变化速率逐渐下降,最后趋于稳定。但 3 个方向的热误差变化量不同。X 轴向热误差始终较小,不超过 10 μm。Y 向其次,并呈现明显的坐标轴负方向偏移,Z 向热误差变化量最大,Z 向为正方向偏移,最大变化可达 60 ~ 70 μm,因此,本著作后续主要以 Z 向热误差为例进行探究,研究方法也适用于其他轴向的热误差建模。

6.2.2　实验结果分析

通过模糊聚类结合灰色关联度算法对于温度敏感点选择的结果(优先考虑减小共线性),以及直接利用灰色关联度对于温度敏感点选择的结果(优先考虑提升关联性),对温度敏感点之间共线性与温度敏感点和热误差之间关联性的矛盾关系进行了说明。

以 Z 向热误差测量数据为例,根据上述 K1 ~ K18 批次实验数据,采用模糊聚类结合灰色关联度算法对温度敏感点进行选择,比如对于 K1 批次数据,首先利用模糊聚类算法对 $T1$ ~ $T20$ 共 20 个温度测点进行分类,结果见表 6-3。

其次计算各温度测点和 Z 向热误差的灰色关联度,结果见表 6-4。

表 6-3　K1 批次温度数据模糊聚类分类结果

第一类	第二类
$T1 \sim T19$	$T20$

表 6-4　K1 批次各温度测点与 Z 向热误差灰色关联度

温度测点	$T1$	$T2$	$T3$	$T4$	$T5$	$T6$	$T7$
灰色关联度	0.824	0.797	0.779	0.792	0.827	0.711	0.644
温度测点	$T8$	$T9$	$T10$	$T11$	$T12$	$T13$	$T14$
灰色关联度	0.747	0.715	0.610	0.553	0.638	0.591	0.700
温度测点	$T15$	$T16$	$T17$	$T18$	$T19$	$T20$	
灰色关联度	0.737	0.760	0.768	0.722	0.719	0.468	

最后从各类中选择灰色关联度最大的温度测点作为温度敏感点，即 $T5$ 和 $T20$。

同理，对 K2 ~ K18 批次 Z 向热误差温度敏感点进行选择，并将 K1 批次选择的温度敏感点合并，结果见表 6-5。

在表 6-5 中，每批次数据选出的温度敏感点组合都包含 $T1$ 和 $T5$，以 $T1$ 为主，少数情况会出现 $T5$，而另一温度敏感点则包含 $T7$，$T8$，$T9$，$T10$，$T12$，$T17$，$T19$，$T20$。可见，通过模糊聚类结合灰色关联法选出的温度敏感点，随着天气季节变化，位置也随之波动变化，本著作称此种现象为"温度敏感点变动性"。为了究其原因，对温度敏感点之间的共线性、温度敏感点和热误差之间的关联性进行分析。

表 6-5　K1 ~ K18 批次数据模糊聚类结合灰色关联法温度敏感点选择结果

实验批次	K1	K2	K3	K4	K5	K6	K7	K8	K9
Z 向温度敏感点	$T5$	$T1$	$T1$	$T1$	$T5$	$T1$	$T1$	$T1$	$T1$
	$T20$	$T20$	$T19$	$T7$	$T20$	$T9$	$T17$	$T20$	$T19$
实验批次	K10	K11	K12	K13	K14	K15	K16	K17	K18
Z 向温度敏感点	$T1$	$T5$	$T1$	$T1$	$T1$	$T1$	$T1$	$T1$	$T1$
	$T20$	$T10$	$T20$	$T12$	$T8$	$T20$	$T8$	$T20$	$T9$

分别计算表 6-5 中 Z 向热误差温度敏感点之间的方差膨胀因子（VIF），

来衡量共线性温度敏感点之间的共线性程度,结果如图 6-9 所示。

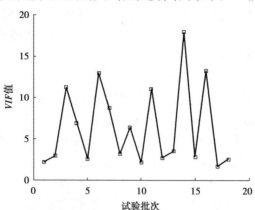

图 6-9　K1～K18 批次数据 Z 向热误差温度敏感点之间 VIF 值

根据共线性计算结果,可以看出,温度敏感点之间 VIF 值基本不超过 10,说明模糊聚类算法的确能够起到良好的共线性减小作用。

之后,对 K1～K18 各批次数据温度敏感点的灰色关联度进行排序。以分析温度敏感点和热误差之间的关联性,比如对于 K1 批次数据,根据表 3-4,对各温度测点和热误差之间灰色关联度的大小顺序进行排序

$$T5 > T1 > T2 > T4 > T3 > T17 > \cdots > T10 > T13 > T11 > T20$$

即 $T5$ 的灰色关联度在 20 个温度测点中是最大的,排序为 1,$T20$ 是最小的,排序为 20。

同理,对其他各批次数据 Z 向热误差进行同样的分析,温度敏感点灰色关联度排序如图 6-10 所示。

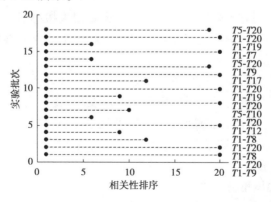

图 6-10　K1～K18 批次数据 Z 向热误差温度敏感点灰色关联度排名

根据图 6-10 的排名结果可以看出,每批次实验根据模糊聚类结合灰色关联度算法选择的 2 个温度敏感点中,其中一个与热误差之间的灰色关联度排序最靠前,而另一个非常靠后。说明传统温度敏感点选择算法,仅能选取一个与热误差关联性较大的温度敏感点,而另一个温度敏感点和热误差之间的关联性较弱。这是由于机床的温度在热传导过程中,存在极强的耦合作用,导致与热误差关联性强的温度测点全部集中于主要热源附近,其之间的共线性也随之增强。必然出现这些强共线性的温度测点被归为一类,因此,要利用模糊聚类优先减小温度测点之间的共线性,使其中只能有一个被选为温度敏感点。在减小共线性的同时,另外的温度敏感点所在分类,也牺牲了温度敏感点和热误差之间的关联性。和热误差之间关联性较弱的温度敏感点,在长时间跨度范围,往往难以保持与热变形具有强关联性,正因为这个原因,温度敏感点非但无法为热误差预测提供长期稳定的有效信息来源,反而容易受到与热误差不相关的热源干扰,引入额外的误差影响因素,出现变动性,最终会导致预测精度的下降。

如果在选择温度敏感点时,不再考虑减小共线性,即跳过模糊聚类的步骤,直接利用灰色关联度计算各批次数据所有温度测点和热误差之间的关联性,然后选出两个关联性最强的温度测点作为温度敏感点,K1～K18 批次实验数据选择结果见表 6-6。

表 6-6　K1～K18 批次实验 Z 向热误差灰色关联度直接选择温度敏感点结果

实验批次	K1	K2…K17	K18
Z 向温度敏感点	$T1$ $T5$	$T1$ $T5$	$T1$ $T5$

之后同样利用方差膨胀因子(VIF),来衡量温度敏感点之间的共线性,并和传统模糊聚类结合灰色关联度算法选出的温度敏感点共线性进行比对,结果如图 6-11 所示。

对比表 6-6 直接根据灰色关联度选择的温度敏感点,和表 6-5 根据模糊聚类结合灰色关联度选择的温度敏感点可以发现,直接选择的温度敏感点恒定在 T1 和 T5,变动性明显降低,表明选出的温度测点可以保持和热误差之间长期稳定的关联性,有利于热误差的长期预测的稳健性。但同时比对图 6-9 和图 6-11,即观察两种方法选出温度敏感点之间的共线性,可知直接选择两个强关联性的温度敏感点之间出现了极高的共线性。从数学角度分析,这会导致多元回归等算法在建模过程中,极度放大输入变量测量值中误差的干扰,导致建立的模型对输入数据变动量异常敏感,模型预测稳健性较差。

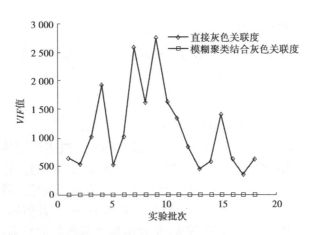

图 6-11　两种算法温度敏感点共线性比对

　　综上,温度敏感点之间的共线性和关联性存在矛盾,无法在减小温度敏感点之间共线性的同时,保证温度敏感点和热误差之间的关联性。

6.3　稳健性建模算法

　　前面的分析说明,仅依靠温度敏感点选择是无法同时解决共线性和关联性问题的。因此,本节通过温度敏感点和建模算法相结合的方式解决此问题。

　　通过相关系数法选择的温度敏感点和热误差之间能够保持长期良好的关联性,说明数据之中确实存在稳定的规律,只是共线性问题使得这种规律的数学提炼较为困难,即数学建模算法从数据中提取真实规律的概率较小。因此,本著作基于多元回归算法,探究共线性对数学建模算法的作用机理,寻求一种能够抑制共线性问题的数学建模算法,进而可以直接选择和热误差关联性强,但也存在高共线性的温度敏感点建模。

　　对于线性热误差模型

$$y = \beta_0 + \beta_1 x_1 + \cdots + \beta_m x_m \tag{6-5}$$

　　式(6-5)中,y 表示热误差,$x_1, \cdots, x_m$ 表示作为温度输入变量的温度敏感点。其模型系数 $\beta = \{\beta_0, \beta_1, \cdots, \beta_m\}$,可通过多元线性回归算法进行估计,见式(6-6)

$$\widehat{\beta}^T = (X^T X)^{-1} X^T Y \tag{6-6}$$

　　其中 $\widehat{\beta}$ 为模型系数 β 的估计值,$X = \{c, x_1, \cdots, x_m\}$,$x_1, \cdots, x_m$ 分别为温度敏感点的温度观测值,c 为与 $x_1, \cdots, x_m$ 同型的全为 1 的列向量。$Y = y$,y 为与

温度同步的热误差观测值。

模型系数估计值 $\widehat{\beta}$ 的期望 $E(\widehat{\beta})$ 和方差 $Var(\widehat{\beta})$ 分别由式(6-7)和式(6-8)表示,如下:

$$E(\widehat{\beta}) = \beta \tag{6-7}$$

$$Var(\widehat{\beta}) = diag[(X^T X)^{-1}]\sigma^2 \tag{6-8}$$

式(6-8)中, σ^2 为模型(6-5)的残差的标准差,反映了模型的拟合效果。 $diag[(X^T X)^{-1}]$ 为矩阵 $(X^T X)^{-1}$ 主对角线元素组成的列向量。通过式(6-7)和式(6-8)可以看出,多元线性回归算法的模型系数估计期望值等于真实值,从统计角度称为无偏估计,但是估计值的方差不为0。估计值的方差决定了估计值接近真实值的概率,方差越大,估计值偏离真实值的概率越大。从式(6-8)可以看出,多元线性回归模型系数估计值的方差和 $(X^T X)^{-1}$ 主对角线元素成正比。而 $(X^T X)^{-1}$ 主对角线元素数值大小与温度敏感点的温度观测值 $\{x_1, \cdots, x_m\}$ 之间的共线性程度相关。如果共线性较大,会导致 $X^T X$ 接近奇异矩阵,增大 $(X^T X)^{-1}$ 主对角线元素数值,将导致模型系数估计值非常容易偏离真实值。最终使得建立的热误差模型不但难以反映热误差和温度敏感点之间的真实规律,还会引起模型对温度敏感点的温度测量误差过于敏感,使得模型的预测稳健性下降。

不过 A. E. Hoerl 已经证明,如果在建模时,有意地适当增大模型拟合残差,虽然会使模型参数估计值的期望略微偏离真实值,但可以抑制共线性的影响,显著减小模型参数估计值的方差,从而提升建模准确性。进而即可配合关联性最强的温度敏感点建模,增强模型的稳健性。相关的建模算法包括主成分回归、岭回归和拆分回归,具体说明如图6-12所示。

图6-12中的横坐标为模型参数可能的估计值,纵坐标为对应落在估计值的概率,对于通常的建模算法,受到共线性的影响后,虽然模型系数估计值落在真实值的概率相较于其他值最大,但模型趋势平缓,落在其他地方的概率无法忽略。因此,共线性造成的模型预测精度波动大,稳健性难以保证。而强稳健性建模算法,虽然模型系数落在真实值的概率不是最大的,但概率最大值对应的位置非常接近真实值,并且非常突出集中。因此,当建模数据存在严重共线性时,采用这种稳健性建模算法能够有效抑制共线性的干扰,取得良好的建模效果。

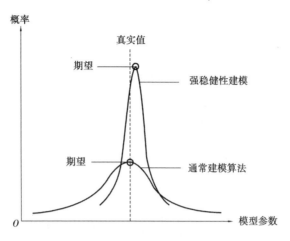

图6-12 模型估计参数期望和方差

6.3.1 岭回归

相对于式(6-6)所示的多元线性回归算法模型系数估计式,A. E. Hoerl 提出的岭回归算法对模型系数估计式如下:

$$\widehat{\beta}^{*\mathrm{T}} = (X^{\mathrm{T}}X + kI)^{-1}X^{\mathrm{T}}Y \tag{6-9}$$

其中,k 为岭参数,且 $k \geqslant 0$,I 为单位矩阵。从式(6-9)中,可以看出,岭回归算法给 $X^{\mathrm{T}}X$ 加上一个正常数矩阵 kI,放弃了对模型系数的无偏估计,即图6-13中所示的模型系数估计值出现的最大概率不等于真实值。但是也减小了共线性导致的 $X^{\mathrm{T}}X$ 接近奇异矩阵的程度。此时,模型系数的方差如式(6-10)所示:

$$Var(\widehat{\beta}) = diag\left[(X^{\mathrm{T}}X + kI)^{-1}\right]\sigma^2 \tag{6-10}$$

通过比对式(6-6)和式(6-9)不难发现,通过合理的增大岭参数 k,可以使 $X^{\mathrm{T}}X$ 偏离奇异矩阵,A. E. Hoerl 发现,这种做法可以在模型系数估计值最大概率位置并且在极小偏离真实值的情况下,大幅减小模型系数估计值的方差。在模型输入变量存在严重共线性时,由于方差较小,使得模型系数接近真实值的概率大幅增加,从而抑制了共线性对模型系数估计值的影响,提升模型的预测精度和预测稳健性。

但是,在建立岭回归模型之前,必须要确定合理的岭参数 k 值,如果无限制地增大岭参数,最终也会引起模型系数估计值偏离真实值增大到无法容忍的程度,所以,结合 K1~K18 批次数控机床热误差实验数据,对岭参数 k 值进行了选择。

本著作将岭参数 k 值逐渐由 0 顺序递增,直到 $k=25$,分析不同 k 值时模型的预测精度和预测稳健性,以寻找出最佳岭参数进行建模。以 K1 批次数据主轴 Z 轴向热误差为例,具体步骤如下。

①将 k 取值从 0 开始,每次增加 0.1,直到 $k=25$。

②对于每个 k 取值,根据式(4-6)建立热误差模型,并对其余批次数据进行预测,计算预测残余标准差 S。

③分别计算各批次数据预测标准差的平均值,用于表征预测精度,计算各批次数据预测标准差的标准差,用于表征预测稳健性。

④预测标准差的标准差和平均值随岭参数变化如图 6-13 所示。

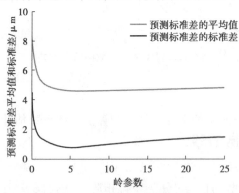

图 6-13　K1 批次 Z 向热误差预测效果随岭参数变化轨迹

⑤根据图 6-13 可见,当岭参数大于一定值后,预测效果趋于稳定。同样的情况也出现在 Y 向热误差中,由于数据量过大,无法一一呈现,所以仅选择具有代表性的 K1、K9、K18 三批次数据。图 6-14 为 K1 批次 Y 向热误差预测效果随岭参数变化情况;图 6-15、图 6-16 为 K9 批次 Y 向、Z 向热误差预测效果随岭参数变化情况;图 6-17、图 6-18 为 K18 批次 Y 向、Z 向热误差预测效果随岭参数变化情况。

从图 6-13—图 6-18 可以看出,当岭参数大于 20 后,预测效果和模型系数随着岭参数的继续增大趋于平稳。因此,对于本著作参照研究的数控机床进行的热误差建模,将式(6-9)中的岭参 k 值取 20 较为合适。为了便于后文描述,将利用相关系数选择温度测点,利用岭回归建立模型的方法称为"数控机床热误差补偿岭回归稳健性建模方法",简称"RRR method"。

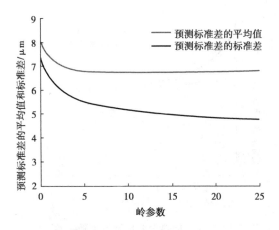

图 6-14 K1 批次 *Y* 向热误差预测效果随岭参数变化轨迹

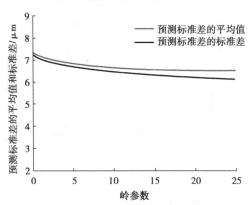

图 6-15 K9 批次 *Y* 向热误差预测效果随岭参数变化轨迹

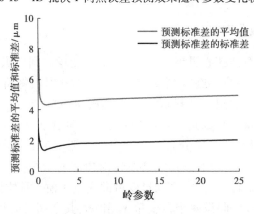

图 6-16 K9 批次 *Z* 向热误差预测效果随岭参数变化轨迹

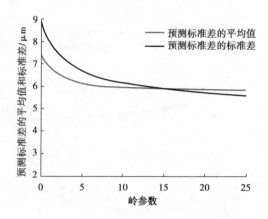

图 6-17　K18 批次 Y 向热误差预测效果随岭参数变化轨迹

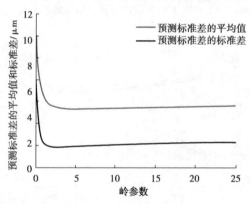

图 6-18　K18 批次 Z 向热误差预测效果随岭参数变化轨迹

6.3.2　主成分回归

主成分回归算法核心思想是降维,多个自变量之间如果具有很强的共线性,说明其包含的信息存在很高的重复性,主成分回归将所有变量的测量值通过某种特定的线性组合转换成新的正交向量,进而在建模之前,首先对所有正交向量信息量进行筛选,将信息量较少的向量剔除,留下包含主要信息且相互正交的向量,即主成分。正交即意味着不具有共线性,因此采用主成分进行回归建模,也可以有效抑制共线性对模型的干扰,回归之后,再通过反线性变换,将主成分还原为模型的自变量即完成建模。具体说明如下。

如图 6-19 所示,假设两个自变量 x_1 和 x_2,其之间具有很强的共线性,画出两个变量的测量值。

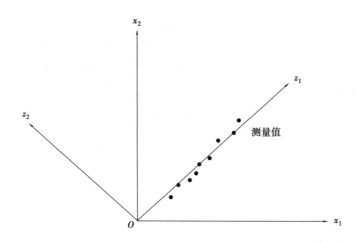

图 6-19　主成分回归算法原理

图 6-19 中,分别将 x_1 和 x_2 视为坐标系的两个坐标轴,然后根据测量数据,做出 x_2 随 x_1 的变化散点图,可以发现,其之间呈很强的线性变化关系。但如果通过变换,将 x_1 和 x_2 转换为新的变量 z_1 和 z_2,如下:

$$\begin{cases} z_1 = p_{11}x_1 + p_{12}x_2 \\ z_2 = p_{21}x_1 + p_{22}x_2 \end{cases} \tag{6-11}$$

并在变换的过程中,去掉 z_1 和 z_2 之间的关联性,则会得到两个完全不具备共线性的自变量,即主成分变量。利用主成分变量,再进行回归即可消除共线性对模型精度的影响。另外,根据图 6-19 可以看出,两个主成分变量包含的信息量完全不同,当 z_1 逐渐增大时,z_2 仅在 0 附近小范围波动。因此,在建模时去掉 z_2,仅保留包含主要的信息 z_1。这样做有利于进一步消除数据中噪声信息对模型精度的干扰。

主成分回归建立的模型如下:

$$y = k_0 + k_1 z_1 \tag{6-12}$$

最后结合式(6-11)和式(6-12)将 z_1 展开,得到最终关于 x_1 和 x_2 的建模结果,如下:

$$y = k_0 + k_1 (p_{11}x_1 + p_{12}x_2) \tag{6-13}$$

基于上述原理,主成分建模分为下面几个步骤。

(1)标准化数据

对于 m 个自变量 $x_1, x_2, \cdots, x_m$,首先进行预处理,如下:

$$x_i^* = \frac{x_i - x_{i1}}{STD x_i} \tag{6-14}$$

其中 x_{i1} 为变量 x_i 的第一个测量值,$STDx_i$ 为变量 x_i 的标准差,计算方法见式(5-5)。

处理过后,原自变量 $x_1,x_2,\cdots,x_m$ 变成 $x_1^*,x_2^*,\cdots,x_m^*$。

(2)提取主成分变量

对于 m 个新自变量 $x_1^*,x_2^*,\cdots,x_m^*$,求其协方差矩阵 COV。

$$COV = \begin{bmatrix} cov_{i,j} \end{bmatrix}_{m \times m} \tag{6-15}$$

其中 $cov_{i,j}$ 为变量 x_i^* 和 x_j^* 之间的协方差,计算方法如下:

$$cov_{i,j} = \sum_{k=1}^{n} (x_{ik}^* - MNx_{i*})(x_{jk}^* - MNx_{j*}) \tag{6-16}$$

其中,x_{ik}^* 和 x_{ik}^* 为变量 x_i^* 和 x_j^* 的第 k 个测量值,$MN_{x_{i*}}$ 为变量 x_i^* 的平均值,计算方法见式(5-6)。

提取 COV 的特征值和特征向量,分别记为 $\lambda_1,\lambda_2,\cdots,\lambda_m$ 和 P_1,$P_2,\cdots,P_m$。

$$P_i = \begin{pmatrix} p_{i1} \\ p_{i2} \\ \vdots \\ p_{im} \end{pmatrix} \tag{6-17}$$

其中特征值和特征向量为使 COV 满足以下关系的数和向量。

$$COV \cdot P_i = \lambda_i P_i \tag{6-18}$$

特征值和特征向量的个数和 COV 的阶数相等,即和自变量的个数相等。

之后提取主成分变量,记为 $z_1,z_2,\cdots,z_m$,方法如下:

$$\begin{pmatrix} z_1 \\ z_2 \\ \vdots \\ z_m \end{pmatrix} = \begin{pmatrix} p_{11}x_1^* + p_{12}x_2^* + \cdots + p_{1m}x_m^* \\ p_{21}x_1^* + p_{22}x_2^* + \cdots + p_{2m}x_m^* \\ \vdots \\ p_{m1}x_1^* + p_{m2}x_2^* + \cdots + p_{mm}x_m^* \end{pmatrix} \tag{6-19}$$

(3)筛选主成分变量

对于主成分变量 $z_1,z_2,\cdots,z_m$,其通过特征向量计算得到,将每个特征向量对应的特征值按从大到小的顺序进行排序,假设排序后 $\lambda_1 > \lambda_2 > \cdots > \lambda_m$。

则每个特征值的大小反映了对应主成分变量包含的信息量,即信息量 $z_1 > z_2 > \cdots > z_m$。

保留前 g 个使信息量累计贡献率 Vcc_g 大于 85% 的主成分变量 $z_1,z_2,\cdots,$ z_g。Vcc_g 计算方法如下:

$$Vcc_g = \frac{\sum\limits_{i=1}^{g} \lambda_i}{\sum\limits_{i=1}^{m} \lambda_i} \times 100\% \tag{6-20}$$

（4）建立主成分变量回归模型

设因变量为 y，同样根据式（6-14）进行标准化处理，处理后的数据记为 y^*。通过多元回归建立 y^* 关于 $z_1, z_2, \cdots, z_g$ 的模型，如下：

$$y^* = b_1 z_1 + b_2 z_2 + \cdots + b_g z_g \tag{6-21}$$

其中：

$$\begin{pmatrix} b_1 \\ b_2 \\ \vdots \\ b_g \end{pmatrix} = (Z^{\mathrm{T}} Z)^{-1} Z^{\mathrm{T}} y^* \tag{6-22}$$

其中 y^* 为变量 y^* 所有测量值组成的列向量，$z = (z_1, z_2, \cdots, z_g)$，$z_i$ 为变量 z_i 所有测量值组成的列向量。

（5）变换得到最终建模结果

结合式（6-22）和式（6-19），得到将变量 $z_1, z_2, \cdots, z_g$ 展开 y^* 关于 $x_1^*, x_2^*, \cdots, x_m^*$ 的模型，如下：

$$y^* = k_1^* x_1^* + k_2^* x_2^* + \cdots + k_m^* x_m^* \tag{6-23}$$

令：

$$k_i = \frac{STD_y}{STD_{x_i}} k_i^*, i = 1, 2, \cdots, m, k_0 = MN_y - \sum_{i=1}^{m} k_i MN_{x_i} \tag{6-24}$$

其中 MN_y 和 STD_y 分别为变量 y 的平均值和标准差，计算方法分别如下：

$$STD_y = \sqrt{\frac{\sum\limits_{k=1}^{n} (y_k - MN_y)}{n}} \tag{6-25}$$

$$MN_y = \frac{\sum\limits_{k=1}^{n} y_k}{n} \tag{6-26}$$

最终得到因变量 y 关于自变量 $x_1, x_2, \cdots, x_m$ 的主成分回归模型，如下：

$$y = k_0 + k_1 x_1 + k_2 x_2 + \cdots + k_m x_m \tag{6-27}$$

为了便于后文描述，将利用主成分回归建立模型的方法称为"数控机床热误差补偿主成分回归稳健性建模方法"，简称"PCRR method"。

6.3.3 拆分回归

共线性问题只存在于多个输入变量同时参与建模的时候,但如果将建模的步骤分解,使一次只有一个变量参与建模,也能够解决共线性问题,拆分回归由此而来。具体步骤如下:

(1)标准化数据

对于 m 个自变量 $x_1,x_2,\cdots,x_m$ 和因变量 y,首先进行预处理,具体方法参考式(6-14),处理过后,原自变量 $x_1,x_2,\cdots,x_m$ 和因变量 y 变成 $x_1^*,x_2^*,\cdots,x_m^*$ 和 y^*。

(2)关联性排序

根据式(5-9)计算变量 $x_1^*,x_2^*,\cdots,x_m^*$ 和 y^* 之间的相关系数,并根据相关系数从大到小的顺序对 $x_1^*,x_2^*,\cdots,x_m^*$ 排序,假设排序后有相关系数 $x_1^* > x_2^* > \cdots > x_m^*$。

(3)拆分回归

首先建立 y^* 关于 x_1^* 的多元回归模型,如下:

$$y^* = k_1^* x_1^* \tag{6-28}$$

其中:

$$k_1^* = (x_1^{*T} x_1^*)^{-1} x_1^{*T} y^* \tag{6-29}$$

其中 y^* 为变量 y 所有测量值组成的列向量,x_1^* 为变量 x_1 所有测量值组成的列向量。

将变量 x_1 的测量值 x_1^* 带入式(6-28)中,得到一组对应的估计值,并令 y^* 减去估计值,计算模型(6-28)的预测残差,记为 y_{s1}^*,即

$$y_{s1}^* = y^* - k_1^* x_1^* \tag{6-30}$$

之后建立变量 x_2 关于预测残差 y_{s1}^* 的模型,如下:

$$y_{s1}^* = k_2^* x_2^* \tag{6-31}$$

其中

$$k_2^* = (x_2^{*T} x_2^*)^{-1} x_2^{*T} y_{s1}^* \tag{6-32}$$

其中 x_2^* 为变量 x_2 所有测量值组成的列向量。

将变量 x_2 的测量值 x_2^* 带入式(6-31)中,得到一组对应的估计值,并令 y_{s1}^* 减去估计值,计算模型式(6-32)的预测残差,记为 y_{s2}^* 之后建立变量 x_3 关于预测残差 y_{s3}^* 的模型,得到模型系数 k_3^*,以此类推,直到得到所有变量 $x_1^*,x_2^*,\cdots,x_m^*$ 的系数,记为 $k_1^*,k_2^*,\cdots,k_m^*$。得到的拆分回归模型如下:

$$y^* = k_1^* x_1^* + k_2^* x_2^* + \cdots + k_m^* x_m^* \tag{6-33}$$

（4）变换得到最终建模结果

参考式(6-34)进行变换,最终得到因变量 y 关于自变量 $x_1, x_2, \cdots, x_m$ 的拆分回归模型,如下:

$$y = k_0 + k_1 x_1 + k_2 x_2 + \cdots + k_m x_m \tag{6-34}$$

为了便于后文描述,将利用无偏估计拆分回归建立模型的方法称为"数控机床热误差补偿无偏估计拆分回归稳健性建模方法",简称"SUERR method"。

6.4 精度验证

建模算法的好与坏需要依靠对热误差的实际预测精度来比对,才具有说服力。为了验证上述 3 种"RRR method""PCRR method"和"SUERR method"对热误差预测精度和预测稳健性的提升效果,本著作利用 K1 ~ K18 批次实验数据,同样以 Z 向为例,将其与目前常用的多元回归和神经网络建模的方法进行比对。两种参与比对的方法均采用模糊聚类结合灰色关联度法选择温度敏感点,第一种方法采用多元线性回归算法建立热误差模型,本著作称之为"传统多元线性回归热误差建模方法",简称"TMLP method";第二种方法采用神经网络算法建立热误差模型,本著作称之为"传统神经网络热误差建模方法",简称"TNN method"。具体所有参与比对的算法如下:

$$
传统
\begin{cases}
\text{TMLP:多元回归} \\
\text{TNN:神经网络}
\end{cases}
\longrightarrow
\begin{array}{l}
\text{模糊聚类结合相关系数} \\
\text{选择温度敏感点}
\end{array}
$$

$$
强稳健性
\begin{cases}
\text{PCRR:主成分回归} \\
\text{RRR:岭回归} \\
\text{SUERR:拆分回归}
\end{cases}
\longrightarrow
\begin{array}{l}
\text{直接选择两个相关系数} \\
\text{最大的作为温度敏感点}
\end{array}
$$

根据神经网络的原理可知,神经网络建模之前,首先需要确定神经网络的结构,即选择合适的隐藏层数和每一层的节点数,以及每一层节点的转移函数类型,以使得神经网络模型具有最优的预测精度和稳健性。对此,许多研究人员都提出了对神经网络的优化方法,比如蚁群算法(ACO-NN)、遗传算法、贝叶斯理论等。这些方法实质上是一种搜寻算法,基于实验数据来验证不同结构神经网络的预测效果,直到找出满意的神经网络优化结构。所以,其建立的神经网络模型的精度和稳健性依赖于用于优化的实验数据量,如果要建立稳健性好的热误差补偿模型需要进行大量长期实验,在工程应用中是无法接受的。所以本著作选择直接借鉴之前研究者采用的神经网络结构用于"TNN method"中的神经网络建模算法。经过调研,在提到具体结构的神经网络热误差建模文献中,Y. Zhang 比对了两种神经网络结构,都采用了一层隐藏层,转移函数都为 sigmoid,只不过两种结构的节点数分别为 4 和 6,经过实验验证两种结构都具有良好的效果。R. J. Liang 比对了 3 节点隐藏层神经网络和 15 节点隐藏层神经网络,结果发现 3 节点隐藏层的热误差预测效果较好。J. Yang 采用 5 节点隐藏层神经网络建立热误差补偿模型。经过总结,发现在热误差建模中,多采用 1 层隐藏层,3 ~ 6 个隐藏层节点结构,并且采用 sigmoid 作为转移函数。故本著作决定采用 1 隐藏层,4 隐藏层节点的神经网络结构,并采用 sigmoid 函数作为隐藏层转移函数。考虑到 sigmoid 函数的值域介于 0 和 1 之间,小于热误差的变动范围,本著作在输出层采用 pureline 转移函数,对隐藏层输出进行线性变换。

K1 ~ K18 批次数据 Z 向热误差建模结果比对见表 6-7。

表 6-7　K1 ~ K18 批次数据 Z 向热误差建模结果比对

	传　统	强稳健性
	多元回归(TMLP)	主成分回归(PCRR)
K1	$y = 5.12\Delta T5 - 28.37\Delta T20 - 1.11$	$y = 2.24\Delta T1 + 2.21\Delta T5 + 0.35$
K2	$y = 5.23\Delta T1 - 20.46\Delta T20 + 0.45$	$y = 2.22\Delta T1 + 2.24\Delta T5 + 0.87$
K8	$y = 5.46\Delta T1 - 27.54\Delta T20 - 0.19$	$y = 2.23\Delta T1 + 2.28\Delta T5 + 0.69$
K9	$y = 6.45\Delta T1 - 4.95\Delta T19 - 2.54$	$y = 2.21\Delta T1 + 2.19\Delta T5 + 0.82$
K17	$y = 5.05\Delta T1 - 35.37\Delta T20 - 1.45$	$y = 2.30\Delta T1 + 2.32\Delta T5 + 0.16$
K18	$y = 6.32\Delta T1 - 19.68\Delta T9 - 6.061$	$y = 2.23\Delta T1 + 2.22\Delta T5 + 0.38$
	强稳健性	
	岭回归(RRR)	拆分回归(SUERR)
K1	$y = 2.02\Delta T1 + 2.19\Delta T5 + 1.37$	$y = 0.001\Delta T1 + 4.52\Delta T5 + 0.36$
K2	$y = 2.75\Delta T1 + 1.38\Delta T5 + 3.13$	$y = 4.38\Delta T1 + 0.003\Delta T5 + 0.84$
K8	$y = 2.31\Delta T1 + 1.95\Delta T5 + 2.34$	$y = 4.43\Delta T1 + 0.000\Delta T5 + 0.68$
K9	$y = 2.73\Delta T1 + 1.39\Delta T5 + 3.32$	$y = 4.38\Delta T1 + 0.002\Delta T5 + 0.81$
K17	$y = 2.49\Delta T1 + 2.00\Delta T5 + 0.68$	$y = 4.44\Delta T1 + 0.001\Delta T5 + 0.09$
K18	$y = 2.69\Delta T1 + 1.53\Delta T5 + 1.36$	$y = 4.34\Delta T1 + 0.006\Delta T5 + 0.33$

对于表6-7,碍于篇幅,每种模型仅展示6批次实验结果,并且由于神经网络模型结果为网络节点结构,难以表达,因此对于传统建模算法仅展示多元回归模型结果。从表6-7可以看出,传统建模算法得到的模型系数波动性很强,这是因为和热误差关联性较弱的温度敏感点随着时间的增长,和热误差之间的关联特性发生改变导致的。而强稳健性建模算法得到的模型系数非常稳定,规律也很明显,即两个温度敏感带系数相加结果在4.2~4.6变化,这说明机床上存在温度敏感点,在相应条件下能够和热误差保持稳定关联性。

残余标准差是目前常用的热误差预测精度评价指标,分别利用各批次数据建立的模型,将K1~K18批次实验测量的温度值代入模型,反过来对K1~K18批次数据进行预测,并参考式计算残余标准差,记为$S_{Kp \rightarrow Kq}$。计算方法如下:

$$S_{Kp \rightarrow Kq} = \sqrt{\frac{\sum\limits_{i=1}^{n}(\widehat{y}_i - y_i)^2}{n-1}} \tag{6-35}$$

其中$\widehat{y}_i$为K_p批次数据建立的模型,将K_q批次数据温度代入得到的预测结果,y_i为对应K_q批次数据的热误差测量结果。

之后对于每批次数据的每个模型,分别计算其对K1~K18批次数据预测残余标准差的最大值$S_{Kp_{\max}}$,平均值$S_{Kp_{\mathrm{mean}}}$和标准差$S_{Kp_{\mathrm{std}}}$,分别如式(6-36),式(6-37)和式(6-38)所示:

$$S_{Kp_{\max}} = \max_{q=1 \sim 18}(S_{Kp \rightarrow Kq}) \tag{6-36}$$

$$S_{Kp_{\mathrm{mean}}} = \frac{\sum\limits_{q=1}^{18}(S_{Kp \rightarrow Kq})}{18} \tag{6-37}$$

$$S_{Kp_{\mathrm{std}}} = \sqrt{\frac{\sum\limits_{q=1}^{18}(S_{Kp \rightarrow Kq} - S_{Kp_{\mathrm{mean}}})^2}{18}} \tag{6-38}$$

其中最大值$S_{Kp_{\max}}$和平均值$S_{Kp_{\mathrm{mean}}}$表示模型预测误差的大小,反映了模型算法的精度,标准差$S_{Kp_{\mathrm{std}}}$表示模型算法在应用于不同批次数据中预测精度的波动情况,反映了模型的稳健性,计算结果分别如图6-20,图6-21和图6-22所示。

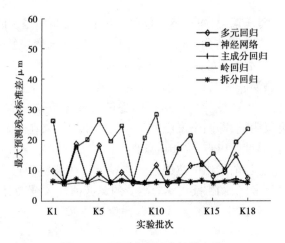

图 6-20　预测残余标准差最大值

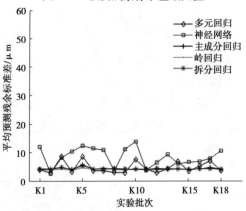

图 6-21　预测残余标准差的平均值

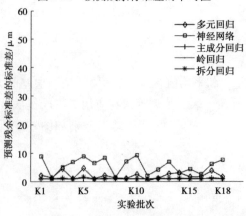

图 6-22　预测残余标准差的标准差

根据图 6-20 至图 6-22 可以看出,无论是最大值、平均值还是标准差,传统建模算法在应用于 K1 ~ K18 批次数据时出现了剧烈的波动,而强稳健性建模算法预测误差波动较小,并且整体预测误差明显小于传统算法,各批次数据建立模型的预测残余标准差最大值不超过 10 μm。说明强稳健性建模算法能够将机床温度和热误差之间的规律准确地提取出来,从而不仅具有较高的预测精度,稳健性也得到了大幅提升。

6.5　小　结

通过机床长期热误差测量实验数据,本章发现目前热误差建模中的温度敏感点选择算法,难以使得选出的温度敏感点都能够对热误差具有较高的影响权重。在上一章提到,目前选择温度敏感点的基本思想为分类选优,目的是减小温度敏感点之间的共线性,防止在建模过程中,共线性因素对建模精度产生影响。然而,根据长期热误差观测实验,对热误差影响权重高的温度传感器之间均会出现具有较高的共线性的情况。此时,在优先减小温度敏感点之间共线性的前提下,温度敏感点对热误差的影响权重难以得到全面保证。对热误差影响权重较低的温度敏感点容易受到环境温度等外界因素的干扰,在大范围环境温度变化条件下,很难保持和热误差之间长期稳定的关联性,进而出现严重的波动现象。通过对实际热误差预测效果进行分析,发现采用具有变动性特征的温度敏感点建立热误差补偿模型,会严重影响模型的预测稳健性。也就是说,如果温度敏感点选择优先减小共线性,则难以保证和热误差之间的关联性,而要保证关联性,则不可避免地引发共线性误差问题。即仅通过温度敏感点选择算法,是无法同时解决共线性和关联性的问题的。

基于此,本章以多元回归算法为研究对象,探究了共线性对建模算法稳健性的影响,发现主要问题在于共线性会引起建模算法偏离建模数据中包含的真实规律,导致模型不准确。进而采用多元回归建模算法的改进形式,抑制共线性对模型准确性的影响,还采用高共线性的温度敏感点参与建模,保证了温度敏感点和热误差之间的关联性,又解决了共线性问题,从而大幅提升了热误差预测精度的长期稳健性。

7

因素变化对热误差的影响

上一章提到的稳健性建模算法,实质是当热误差温度敏感点选择遇到共线性和相关性相互矛盾问题时,提供的一种建模思路,从数学角度提升了模型还原热误差和温度之间真实联系规律的能力,是对现有建模算法的一种补充和完善。但对于热误差预测来说,合适的模型算法只是用来准确提炼建模数据所包含的热误差信息,如果有某些因素未被考虑到模型中,则当这些因素发生作用时,模型就不再具备"能够完整、准确地提炼热误差信息"的功能,模型预测精度显著下降,此时我们常说模型失效了。稳健性精度建模需要尽可能地挖掘出不能忽略的误差源,这也是稳健性精度理论的基础之一。

事实证明,这种因素确实存在。这些因素对模型预测精度的影响程度,与这些因素在热误差影响因素中所占权重大小直接相关。本著作优选出两种常被忽略的较大影响权重因素进行研究,并将研究结果进行展示。在此需要强调的是,本著作是基于某种型号的数控机床进行的研究,研究结果未必适用于其他数控机床,重要的是给读者展示稳健性精度理论在数控机床热误差补偿中误差溯源的方法。这两种误差源分别是"实切状态"和"工作台全区域",而目前根据国际标准《机床检验通则(ISO 230-3:2007 IDT)第三部分:热效应的确定》提出的"五点测量法"进行热误差测量时,并未涉及这两种因素的变化,存在明显的工程因素考虑不全的现象。

7.1 实切状态下的热误差

根据图 4-2 可知,常用的五点测量法在测量热误差时,将位于主轴下方的刀具换成了检验棒,在测量期间,机床仅处于空转状态。相比之下,机床加工时的实切状态,增加了冷却液、切削力、切削深度等额外因素变化的影响,是否会导致热误差特性的变化,不得而知。

7.1.1　实切状态下的热误差测量

探究实切状态下热误差的第一步是解决测量问题。本著作是利用在线检测热误差测量系统,在热误差测量的间隙,将在线检测系统的测头换下,换上刀具进行切削,来实现实切状态下的热误差测量,如图 7-1 所示。在工作台上同时固定测量标准件和工件。当测头触碰测量标准件并对热误差进行测量之后,通过机床的换刀程序将测头换成刀具,对工件进行切削,切削一定时间后,再次换上测头对热误差进行测量。在线检测热误差测量系统具体内容在本著作的4.1.2中有介绍。

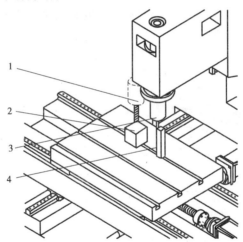

1.刀具;2.工件;3.测头;4.测量标准件

图 7-1　在线检测实切热误差测量原理

7.1.2　实切空转热误差特性比对分析

以 Leaderway V-450 型数控机床 Z 向热误差为例,探究实切和空转状态下热误差特性之间的差异。

1)实切热误差测量实验

实切状态下的热误差实验一共进行了 3 批次,分别记为 G1~G3,根据表 6-6 所示的 K1~K18 批次 Z 向热误差温度敏感点选择结果,Z 向的温度敏感点只有 T1~T5,因此所有批次实验初始温度测点为图 6-1 和表 6-1 中所示的

$T1 \sim T10$。在测量时,每 3 分半钟测量一次,不同批次实验之间的进给速度和切削深度不同。

对于空转比对实验,选取环境温度接近的 K3 ~ K5 共 3 批次进行比对。所有实验参数见表 7-1。

表 7-1　K3 ~ K5,G1 ~ G3 批次实验参数

实验批次	K3	K4	K5	G1	G2	G3
主轴转速/(r·min⁻¹)	4 000	6 000	2 000	500	500	500
进给速度/(mm·min⁻¹)	—	—	—	400	600	800
切削深度/μm	—	—	—	50	100	150
环境温度/℃	10.01	10.82	10.64	13.62	15.06	14.97

其中 K3 批次和 G1 批次实验测得的温度和热误差分别如图 7-2 和图 7-3 所示。

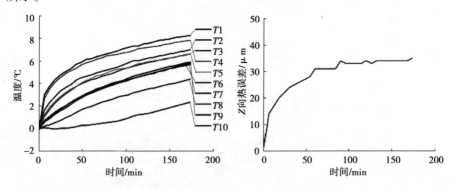

图 7-2　K3(空转)批次温度(左)和热误差(右)测量数据

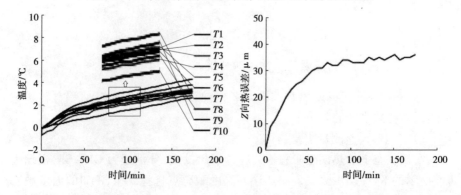

图 7-3　G1(实切)批次温度(左)和热误差(右)测量数据

根据图 7-2 和图 7-3 可以看出空转和实切状态下机床各点温度和热误差的变化曲线存在明显差异,比如,空转状态下 $T1$ 温度测点变化最大,而实切状态则是 $T7$。由此可见,机床在实际切削中,在处于不同工作模式下,随着切削力、冷却液等因素的增加,加之环境温度、机床本体结构、电机、加工材料属性、机床实切参数(如主轴转速)、切削深度、进给量等因素的综合耦合影响,使得热变形来源更加复杂,导致机床的温度场分布发生了变化。

为了进一步分析空转和实切温度场分布的差异,本著作采用 FLUKE T1200 红外热像仪对机床温度场分布情况进行了监测,并对温度场分布变化进行了分析。数控机床在空转状态下达到稳定时的温度场分布(实验参数:转速 4 000 r/min,稳定时间 3 h)如图 7-4 和图 7-5 所示;在空转状态下达到稳定时的温度场分布(实验参数:转速 1 500 r/min,稳定时间 3 h)如图 7-4 和图 7-6 所示;在实切状态下达到稳定时的温度场分布(实验参数:转速 1 500 r/min,进给量 600 mm/min,切削深度 100 μm,稳定时间 3 h)如图 7-4 和图 7-7 所示。

图 7-4　数控机床温度场分布参照图

比对图 7-5 和图 7-6 可知,在空转状态、不同转速的情况下,机床温度场的温度数值发生了很大变化,但温度场分布规律未曾改变;比对图 7-5 和图 7-7可知,在空转和实切两种状态且不同转速条件下,机床的温度场在温度数值、温度场分布规律方面都发生了明显的变化;比对图 7-6 和图 7-7 可知,在空转和实切两种状态且相同转速条件下,机床的温度场在温度数值上差异不大,但温度场分布规律发生了明显的变化。由此直观地表明:在两种状态下,无论参数是否变化,机床温度场的分布规律都将会变化,从而在热误差建模时,非常可能引起温度敏感点的选择结果和最终的模型。

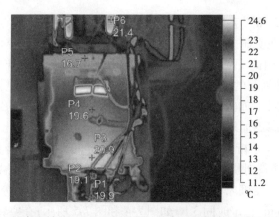

图 7-5　机床在转速 4 000 r/min 空转状态下的稳定温度场分布情况

图 7-6　机床在转速 1 500 r/min 空转状态下的稳定温度场分布情况

图 7-7　机床在实切状态下的稳定温度场分布情况

2）建模及预测精度比对分析

分别根据 K3~K5 和 G1~G3 批次实验数据,建立空转和实切状态下的热误差模型,通过预测精度交叉比对分析空转和实切状态下热误差特性的差异。建模算法选择第 3 章提出的强稳健性建模算法,选择两个温度测点作为温度敏感点,建立温度敏感点和热误差之间的预测模型。建模结果见表 7-2。

表 7-2　K3~K5,G1~G3 批次实验温度敏感点选择和建模结果

空　转		
实验批次	K3	K4	K5
温度敏感点	$T1,T5$	$T1,T5$	$T1,T5$
模型	$y=2.3\Delta T1+2.3\Delta T5+1.0$	$y=2.1\Delta T1+2.2\Delta T5+0.8$	$y=2.4\Delta T1+2.3\Delta T5+0.3$
实　切		
实验批次	G1	G2	G3
温度敏感点	$T4,T3$	$T4,T5$	$T4,T5$
模型	$y=5.4\Delta T4+5.9\Delta T3+1.9$	$y=5.4\Delta T4+5.6\Delta T5+1.4$	$y=5.0\Delta T4+5.0\Delta T5+1.4$

根据表 7-2,机床空转和实切状态虽然工作模式不同,但各自的热误差补偿模型所依据的温度敏感点位置具备较好的稳定性,这也是模型稳健性的基础。同时,空转和实切状态下温度敏感点选择结果和最终建立的热误差补偿模型有明显的差异。温度敏感点从空转状态的 $T1,T5$ 变成 $T3,T4$ 或者 $T4,T5$,说明实切状态下参数对机床温度场分布的影响,的确会引起热误差特性的变化,进而引起温度敏感点和热误差建模结果的不同。

预测精度交叉比对分析分为 4 个部分,分别利用空转和实切实验数据建立的模型,对空转和实切状态下的热误差进行预测,比对空转预测空转,空转预测实切,实切预测空转和实切预测实切的预测精度,具体如下:

（1）通过空转数据建立的模型预测空转数据

分别利用 K3~K5 批次空转实验数据建立的模型,将 K3~K5 批次实验测量的温度值代入模型,反过来对 K3~K5 批次数据进行预测,并计算残余标准差,记为 $S_{Kp\to Kq}^{K}$,如式(7-1)。

$$S_{Kp\to Kq}^{K}=\sqrt{\frac{\sum_{k=1}^{n}\left(\widehat{y}_{k}-y_{k}\right)^{2}}{n-1}} \tag{7-1}$$

其中 $\widehat{y}_k$ 为 Kp 批次数据建立的模型,将 Kp 批次数据温度代入得到的预测结果,y_k 为对应 Kq 批次数据的测量结果。

之后对于每批次数据建立的模型,计算其对 K3 ～ K5 批次数据预测残余标准差的最大值 $S_{K_{pmax}}^{K}$,平均值 $S_{K_{pmean}}^{K}$ 和标准差 $S_{K_{pstd}}^{K}$,分别如式(7-2),式(7-3)和式(7-4)所示:

$$S_{K_{pmax}}^{K} = \max_{q=3\sim5}(S_{Kp\rightarrow Kq}^{K}) \tag{7-2}$$

$$S_{K_{pmean}}^{K} = \frac{\sum_{q=3}^{5}(S_{Kp\rightarrow Kq}^{K})}{3} \tag{7-3}$$

$$S_{K_{pstd}}^{K} = \sqrt{\frac{\sum_{q=3}^{5}(S_{Kp\rightarrow Kq}^{K})^2}{3}} \tag{7-4}$$

(2)通过空转数据建立的模型预测实切数据

分别利用 K3 ～ K5 批次空转实验数据建立的模型,将 G1 ～ G3 批次实验测量的温度值代入模型,对 G1 ～ G3 批次数据进行预测,并根据式(7-5)计算参与标准差,记为 $S_{Kp\rightarrow Gq}^{G}$。

$$S_{Kp\rightarrow Gq}^{G} = \sqrt{\frac{\sum_{k=1}^{n}(\widehat{y}_k - y_k)^2}{n-1}} \tag{7-5}$$

其中 $\widehat{y}_k$ 为 Kp 批次数据建立的模型,将 Gq 批次数据温度代入得到的预测结果,y_k 为对应 Gq 批次数据的测量结果。

之后对于每批次数据建立的模型,计算其对 G1 ～ G3 批次数据预测残余标准差的最大值 $S_{K_{pmax}}^{G}$,平均值 $S_{K_{pmean}}^{G}$ 和标准差 $S_{K_{pstd}}^{G}$,分别如式(7-6),式(7-7)和式(7-8)所示:

$$S_{K_{pmax}}^{G} = \max_{q=1\sim3}(S_{Kp\rightarrow Gq}^{G}) \tag{7-6}$$

$$S_{K_{pmean}}^{G} = \frac{\sum_{q=1}^{3}(S_{Kp\rightarrow Gq}^{G})}{3} \tag{7-7}$$

$$S_{K_{pstd}}^{G} = \sqrt{\frac{\sum_{q=1}^{3}(S_{Kp\rightarrow Gq}^{G})^2}{3}} \tag{7-8}$$

(3)通过实切数据建立的模型预测空转数据

分别利用 G1 ～ G3 批次空转实验数据建立的模型,将 G1 ～ G3 批次实验测量的温度值代入模型,对 K3 ～ K5 批次数据进行预测,并根据式(7-9)计算参与标准差,记为 $S_{\text{G}p\to\text{K}q}^{\text{K}}$。

$$S_{\text{G}p\to\text{G}q}^{\text{K}} = \sqrt{\frac{\sum\limits_{k=1}^{n}\left(\widehat{y}_k - y_k\right)^2}{n-1}} \tag{7-9}$$

其中 $\widehat{y}_k$ 为 Gp 批次数据建立的模型,将 Kq 批次数据温度代入得到的预测结果,y_k 为对应 Kq 批次数据的测量结果。

之后对于每批次数据建立的模型,计算其对 K3～K5 批次数据预测残余标准差的最大值 $S_{\text{G}_{p\max}}^{\text{K}}$,平均值 $S_{\text{G}_{p\text{mean}}}^{\text{K}}$ 和标准差 $S_{\text{G}_{p\text{std}}}^{\text{K}}$,分别如式(7-10),式(7-11)和式(7-12)所示:

$$S_{\text{G}_{p\max}}^{\text{K}} = \max_{q=3\sim5}\left(S_{\text{G}p\to\text{K}q}^{\text{K}}\right) \tag{7-10}$$

$$S_{\text{G}_{p\text{mean}}}^{\text{K}} = \frac{\sum\limits_{q=3}^{5}\left(S_{\text{G}p\to\text{K}q}^{\text{K}}\right)}{3} \tag{7-11}$$

$$S_{\text{G}_{p\text{std}}}^{\text{K}} = \sqrt{\frac{\sum\limits_{q=3}^{5}\left(S_{\text{G}p\to\text{K}q}^{\text{K}}\right)^2}{3}} \tag{7-12}$$

(4)通过实切数据建立的模型预测实切数据

分别利用 G1～G3 批次空转实验数据建立的模型,将 G1～G3 批次实验测量的温度值代入模型,反过来对 G1～G3 批次数据进行预测。并根据式(7-13)计算参与标准差,记为 $S_{\text{G}p\to\text{G}q}^{\text{G}}$。

$$S_{\text{G}p\to\text{G}q}^{\text{G}} = \sqrt{\frac{\sum\limits_{k=1}^{n}\left(\widehat{y}_k - y_k\right)^2}{n-1}} \tag{7-13}$$

其中 $\widehat{y}_k$ 为 Gp 为批次数据建立的模型,将 Gq 批次数据温度代入得到的预测结果,y_k 为对应 Gq 批次数据的测量结果。

之后对于每批次数据建立的模型,计算其对 G1～G3 批次数据预测残余标准差的最大值 $S_{\text{G}_{p\max}}^{\text{G}}$,平均值 $S_{\text{G}_{p\text{mean}}}^{\text{G}}$ 和标准差 $S_{\text{G}_{p\text{std}}}^{\text{G}}$,分别如式(7-14),式(7-15)和式(7-16)所示:

$$S_{\text{G}_{p\max}}^{\text{G}} = \max_{q=1\sim3}\left(S_{\text{G}p\to\text{G}q}^{\text{G}}\right) \tag{7-14}$$

$$S_{\text{G}_{p\text{mean}}}^{\text{G}} = \frac{\sum\limits_{q=1}^{3}\left(S_{\text{G}p\to\text{G}q}^{\text{G}}\right)}{3} \tag{7-15}$$

$$S_{G_{pstd}}^{G} = \sqrt{\frac{\sum_{q=1}^{3}(S_{Gp \rightarrow Gq}^{G})^{2}}{3}} \qquad (7\text{-}16)$$

预测精度交叉比对分析结果分别如图 7-8,图 7-9 和图 7-10 所示。

图 7-8、图 7-9 和图 7-10 中的横坐标为模型建立对应的实验批次,纵坐标为模型的预测结果。明显可以看出,相对于空转预测空转、实切预测实切,空转预测实切、实切预测空转的误差明显偏大,说明空转状态和实切状态的热误差特性存在着明显差异,并且这种差异已经对模型的预测精度产生了实质性的影响,对于实际加工来说,利用实切状态下测量数据建立的模型会更加合适。

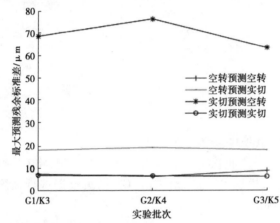

图 7-8　空转实切热误差预测精度交叉比对分析——残余标准差最大值

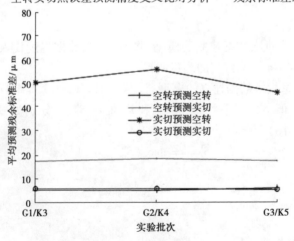

图 7-9　空转实切热误差预测精度交叉比对分析——残余标准差平均值

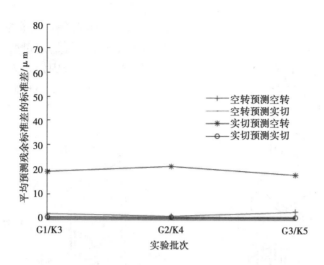

图 7-10　空转实切热误差预测精度交叉比对分析——残余标准差的标准差

7.2　工作台位置变化的影响

机床在进行加工时,工作台处于不断的运动过程之中。众所周知,机床工作台高精度的运动定位精度,除了需要借助优良的运动控制系统外,还依赖于丝杠和导轨的精度。通过对机床结构进行分析,可知工作台是通过安装在下部的丝杠和导轨实现定位的。由于机床热源分布状况复杂,丝杠和导轨所处的温度场并非均匀,导致不同位置处的热变形特性也不相同,当工作台位置发生变动时,也会引起热误差特性的变化,如图 7-11 所示。

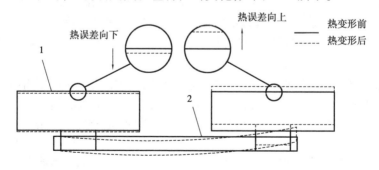

1. 工作台;2. 导轨

图 7-11　工作台运动至不同位置处热误差特性差异

因此,工作台不同位置处的热误差也难免存在差异,而根据图 7-12 可以

109

看出,国际标准《机床检验通则(ISO 230-3:2007 IDT)第三部分:热效应的确定》提出的"五点测量法"在对热误差进行测量时,夹具是通过螺钉固定在工作台上的,也就是说,整个测量过程,仅能体现当工作台固定单点移动至主轴下方时的热误差特性。通过检验工作台上一点,并不能完全反映机床整个工作台的热误差。

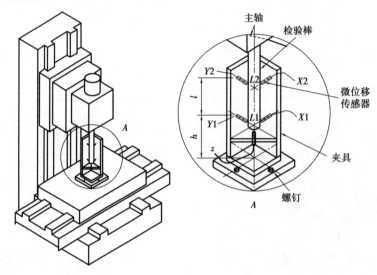

图 7-12　五点法夹具安装方式

7.2.1　工作台全区域的热误差测量

探究工作台全区域范围热误差的第一步是解决测量问题。本著作提出了一种工作台全区域的热误差测量方法——利用在线检测系统,将测量标准件在工作台进行多点安装,当不同位置处的测量标准件运动至主轴下方时,安装于主轴的测头对标准件进行触碰,实现工作台多点的"五点法"热误差快速测量,如图 7-13 所示。

如图 7-13 所示,在测量全工作台热误差时,控制测头触碰所有的测量标准件,记录的坐标值通过系统输出至工控机,工控机将每次读取的坐标值减去第一次读取的坐标值,即可获取热误差量,进而将热误差测量从单点扩展至整个工作台范围。

信号转换器中也包含一个微控制器控制,对坐标值的读取类似于热误差补偿模型的嵌入,只不过补偿嵌入是将信号传送至机床,坐标读取是从机床中读取信号。

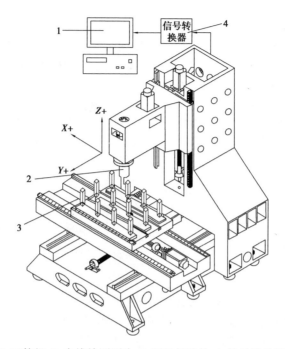

1. 工控机;2. 在线检测测头;3. 测量标准件;4. 信号转换器

图 7-13　工作台全区域的热误差测量系统

7.2.2　工作台全区域热误差特性探究

利用上述全工作台多点热误差测量系统,针对 Leaderway V-450 型数控机床的全工作台 Z 向热误差进行实际测量。

如图 7-14 所示,在工作台上选择了 3 行 5 列共 15 个点进行热误差测量,各点按照排列顺序依次记为 Z1~Z15。

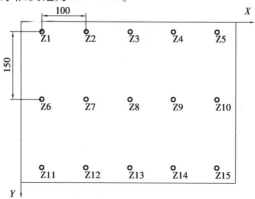

图 7-14　工作台全区域热误差测点位置

各点的 X,Y 向坐标见表 7-3。

根据表 6-6 所示的 K1～K18 批次 Z 向热误差温度敏感点选择结果,Z 向的温度敏感点只有 $T1～T5$,因此初始的温度测点只选择了图 6-1 和表 6-1 中所示的 $T1～T10$。

表 7-3　工作台全区域热误差测点坐标

测　　点	Z1	Z2	Z3	Z4	Z5	Z6	Z7	Z8
X/mm	0	100	200	300	400	0	100	200
Y/mm	0	0	0	0	0	150	150	150
测　　点	Z9	Z10	Z11	Z12	Z13	Z14	Z15	
X/mm	300	400	0	100	200	300	400	
Y/mm	150	150	300	300	300	300	300	

实验期间主轴以恒定转速空转,同时工作台以 400 mm/min 的进给速度在 X 和 Y 方向上来回运动,每次运行时间 5 min 后停下,对 Z1～Z15 各点 Z 向热误差依次测量,如图 7-15 和图 7-16 分别为根据实验在 1 h 和 4 h 的测量数据,利用 MATLAB 中 mesh 函数画图得到的整个工作台热误差曲面,如图7-15、图 7-16 所示。

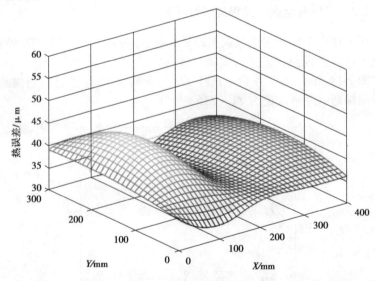

图 7-15　工作台全区域热误差测量结果 Q1-1 h

根据图 7-15 和图 7-16 可以看出,工作台不同位置处的热误差有着明显的差别,在 4 h,最小的地方变化量为 41 μm,与最大变化量 55 μm 相差了 14 μm,也就是说,无论单点热误差补偿精度和稳健性再高,在应用于全工作台范围时,误差也会放大至 10 μm 以上,对于高精密的数控机床来说是不可忽视的。

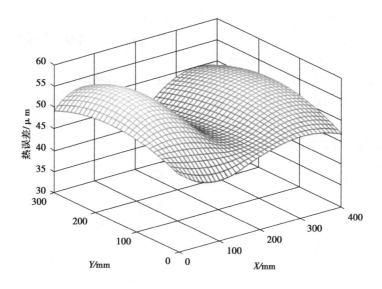

图 7-16　工作台全区域热误差测量结果 Q1-4 h

7.2.3　工作台全区域热误差建模

要对全工作台范围热误差进行补偿,仅依靠单点建模算法是不够的,全工作台范围热误差补偿模型需要能够反映整个工作台位置变化的影响,即模型自变量除了温度之外,还应该有能够反映工作台位置的变量。因此,本节提出建立可在工作台全区域范围内,根据工作台位置变动进行自适应调整预测的热误差模型。

考虑到热误差是温度场变化引起的,机床中热源变化较为平缓,不存在热源突变的情况,因此,温度场在空间中分布的阶次不会很高,整个工作台虽然不同位置热误差有差异,但通过图 7-15 和图 7-16 的测量结果也可以看出,整体变化仍然较为平缓。因此,本节采用曲面建模技术,通过多个离散点的热误差特性,选择合适的曲面模型,将其延续至整个工作台,从而实现对工作台任意位置热误差进行预测。曲面建模具体过程如下。

对工作台上所有测点测得的热误差数据进行分析,利用强稳健性建模算法,分别选出各点对应的温度敏感点,并建立热误差补偿模型。比如,在整个

工作台选取了 P 个热误差测点,建立得到的 P 个热误差补偿模型如下:

$$\begin{cases} 第1点:\Delta E_1 = f(\Delta t_1) \\ 第2点:\Delta E_2 = f(\Delta t_2) \\ \quad\vdots \\ 第P点:\Delta E_P = f(\Delta t_P) \end{cases} \tag{7-17}$$

其中 $\Delta E_1, \Delta E_2, \cdots, \Delta E_P$ 分别表示各点热误差, $\Delta t_1, \Delta t_2, \cdots, \Delta t_P$ 分别表示各点热误差补偿模型对应的温度敏感点。

如果在某一时刻,分别对上述各点的热误差进行预测,则可以得到一个覆盖工作台全区域范围的热误差离散点图,之后分别根据各点热误差值,以及位于工作台上的坐标位置,通过拟合或者插值算法建立整个工作台热误差随坐标位置变化的曲面函数。如图 7-17 所示。

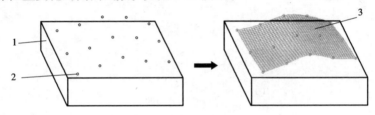

1. 工作台;2. 热误差预测值;3. 热误差曲面

图 7-17　全工作台热误差曲面建立过程

拟合和插值是两种常用的曲面建模算法,其区别在于插值建立的曲面是绝对通过所有离散点的,但建模算法较为烦琐,最终得到的模型形式也较为复杂,而拟合得到的曲面不能保证绝对通过所有离散点,但建模算法和模型形式也相对简单。

本节分别介绍一种拟合算法和一种插值算法。

1)多元回归曲面拟合

多元回归即利用残差平方和最小化思想,找到一个模型,使其对工作台上各点热误差的预测结果和对应位置点热误差模型预测结果之间残差的平方和达到最小。

根据工作台上各点测得数据组成的离散点判断曲面是否变化复杂,从而选取模型的阶数。考虑到机床机械部件的形体热变形是热源热量传递引起温度场变化导致的,机床结构庞大,热传递较为缓慢,因此整体的热变形呈渐变特性。曲面模型的阶数选取三阶进行建模,曲面模型形式如下:

$$\Delta E_{XY} = f(X,Y) = a_0 + a_1 X^3 + a_2 X^2 Y + a_3 XY^2 + a_4 Y^3 + a_5 X^2 + a_6 XY + a_7 Y^2 + a_8 X + a_9 Y \tag{7-18}$$

其中,X 和 Y 分别表示工作台上各点 X 和 Y 向的坐标,ΔE_{XY} 表示坐标对应点处的热误差值。曲面拟合的过程即求取上述模型参数 $a_0, a_1, \cdots, a_9$ 的过程。如果将上述模型视为线性模型,则自变量分别为:

$$X^3, X^2Y, XY^2, Y^3, X^2, XY, Y^2, X, Y \qquad (7\text{-}19)$$

假设工作台上 P 个测点在某一时刻的热误差预测值分别为 $\Delta E_1,$ $\Delta E_2, \cdots, \Delta E_P$,各测点的 X 和 Y 向坐标分别为 $X_1, X_2, \cdots, X_P$ 和 $Y_1, Y_2, \cdots, Y_P$。同样利用残差平方和最小的思想,建立多元回归曲面,如下所示:

$$\begin{pmatrix} a_0 \\ a_1 \\ \vdots \\ a_9 \end{pmatrix} = (A_{XY}{}^{\mathrm{T}} A_{XY})^{-1} A_{XY} \Delta E_{XY} \qquad (7\text{-}20)$$

其中

$$A_{XY} = \begin{pmatrix} 1 & X_1^3 & X_1^2 Y_1 & X_1 Y_1^2 & Y_1^3 & X_1^2 & X_1 Y_1 & Y_1^2 & X_1 & Y_1 \\ 1 & X_2^3 & X_2^2 Y_2 & X_2 Y_2^2 & Y_2^3 & X_2^2 & X_2 Y_2 & Y_2^2 & X_2 & Y_2 \\ & & & & \vdots & & & & & \\ 1 & X_P^3 & X_P^2 Y_P & X_P Y_P^2 & Y_P^3 & X_P^2 & X_P Y_P & Y_P^2 & X_P & Y_P \end{pmatrix} \qquad (7\text{-}21)$$

$$\Delta E_{XY} = \begin{pmatrix} \Delta E_1 \\ \Delta E_2 \\ \vdots \\ \Delta E_P \end{pmatrix} \qquad (7\text{-}22)$$

通常,拟合算法适用于整个曲面较为平缓,阶数不高的情况。当曲面变化较为复杂,存在局部的突变或者许多凹陷和凸起,说明整个曲面的阶数很高,如果采用强行高阶的函数进行拟合,会出现龙格现象,即整个曲面尤其是边缘位置存在剧烈的起伏波动,造成模型的稳定性急剧下降,此时,可采用插值算法,得到的结果要优于拟合。

2）B 样条函数曲面插值

插值的实质是将整个曲面分割成多个局部区域,利用多个低阶的基函数,分别对各个局部区域进行拟合,然后拼凑成整个曲面,拼凑时,需要注意各个局部区域边界的平滑性。对于阶数较高的曲面,可增加低阶函数的数量,进而在对曲面进行重构时,有效避免了龙格现象。B 样条函数曲面插值算法是常用的曲面插值算法,其基本原理如下。

B 样条函数曲面插值算法是一种将多个 B 样条基函数进行加权叠加来重构曲面的技术。

B 样条基函数是一种表达多项式的函数形式,具体的函数需要依靠节点进行计算,节点是一组按从小到大顺序排列的数,比如 $[X_j, X_{j+1}]$ 即构成了一组两个值的节点。可以用来定义 B 样条函数 $N_{j,0}(X)$,如下。

$$N_{j,0}(X) = \begin{cases} 1 & X_j \leqslant X < X_{j+1} \\ 0 & X = 其他 \end{cases} \tag{7-23}$$

其中 $N_{j,0}(X)$ 的下标中的第一个 j 表示 B 样条函数对应的是节点中的第一个值,即 X_j,第二个 0 表示函数为 0 阶的常数项函数。高阶的 B 样条基函数可以通过多个 0 阶的函数构成,计算方法如下:

$$N_{j,p}(X) = \frac{X - X_j}{X_{j+p} - X_j} N_{j,p-1}(X) + \frac{X_{j+p+1} - X}{X_{j+p} - X_{j+1}} N_{j+1,p-1}(X) \tag{7-24}$$

上式说明,如果要构建更高阶的基函数,需要两个低一阶的基函数,以及增加新的节点。结合式(7-23)和式(7-24)可以看出,只要节点确定了,基函数也随之确定。因此,在进行曲面插值时,对于构造基函数最重要的是确定节点。

B 样条曲面由多个基函数加权组合而成,比如对于如图 7-18 所示,在机床工作台上有矩形分布点阵。

其中,矩形点阵共有 M 行和 N 列,每一行的 Y 向坐标分别记为 $Y_1, Y_2, \cdots,$ Y_M,每一列的 X 向坐标分别记为 $X_1, X_2, \cdots, X_N$,每一个点对应一个热误差测量值,记为 $\Delta E_{X_j Y_i}$,据此建立的 B 样条曲面形式如下:

$$\Delta E_{XY} = \sum_{j=1}^{N} N_{j,p}(X) \left(\sum_{i=1}^{M} N_{i,p}(Y) \Gamma_{i,j} \right) \tag{7-25}$$

其中 $\Gamma_{i,j}$ 为权值,矩阵中每一个点都对应一个权值。比如位移坐标 (X_2, Y_1) 的点,对应的权值为 $\Gamma_{1,2}$。

式(7-25)说明,对于 N 列不同 X 坐标的点,需要构建 N 个基函数 $N_{j,p}, j = 1, 2, \cdots, N$。对于 M 行不同 Y 坐标的点,需要构建 M 个基函数 $N_{i,p}, i = 1, 2, \cdots, M$。

对于所有 $N_{j,p}$ 其节点都一样,记为 U_X,如下

$$U_X = (uX_1, uX_2, \cdots, uX_{N+p+1}) \tag{7-26}$$

其中

$$uX_j = \begin{cases} X_1 & j = 1, 2, \cdots, p+1 \\ \dfrac{1}{p} \sum_{j=j'-p}^{j'-1} uX_{j'} & j = p+2, \cdots, N \\ X_N & j = N+1, \cdots, N+p+1 \end{cases} \tag{7-27}$$

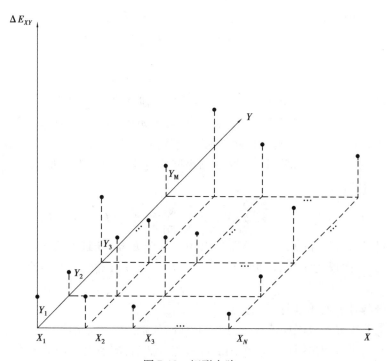

图 7-18　矩形点阵

同理,对于所有 $N_{i,p}$ 其节点都一样,记为 U_Y,如下

$$U_Y = (uY_1, uY_2, \cdots, uY_{M+p+1})$$ (7-28)

其中

$$uY_i = \begin{cases} Y_1 & i = 1, 2, \cdots, p+1 \\ \dfrac{1}{p}\sum_{i=i'-p}^{i'-1} uY_{i'} & i = p+2, \cdots, M \\ Y_M & i = M+1, \cdots, M+p+1 \end{cases}$$ (7-29)

之后根据式(7-23)和式(7-24)即可计算出所有 $N_{j,p}$ 和 $N_{i,p}$。

对于上式(7-26)~式(7-29),需要注意以下 3 点:

①构造的节点会出现一样的值,在代入式(7-24)进行计算时,会出现分母为 0 的项,如果出现,直接将此项等于 0。

②对于 $X(Y)$ 向最后一个基函数 $N_{N,p}(N_{M,p})$,当把 $X_N(Y_M)$ 代入时,根据式(7-23)和式(7-24)计算得到值为 0,因为式(7-23)判定为 1 的条件为 $X_j \leqslant X < X_{j+1}$,不包含等于上界 X_{j+1} 的情况。进而会造成将 X_N 或 Y_M 代入式(7-25)时计算得到的结果为 0,无法等于热误差实测值。因此这种情况在计算式(7-23)时,需要强制将 $X_N(Y_M)$ 代入时的值设为 1。

③对于阶数 p，可以发现在构建节点时，需要将前 $p+1$ 和后 $p+1$ 个值进行设定，也就是说，节点的个数 $N+p+1$ 或 $M+p+1$ 至少要为 $2(p+1)$，据此可得：

$$N+p+1, M+p+1 \geqslant 2(p+1) \rightarrow N, M \geqslant p+1 \qquad (7\text{-}30)$$

也就是说，矩阵点的行数和列数至少要比阶数高 1，否则无法计算。

式(7-25)中只剩权值 $\Gamma_{i,j}$ 还未求出，对于 M 行 N 列，共有 $M \times N$ 个 $\Gamma_{i,j}$。根据插值的定义，插值曲面是通过所有离散点的，即将图 7-13 中任意点的坐标 (X_j, Y_i) 代入式(7-25)中，计算的结果应该等于热误差的测量值 $\Delta E_{X_j Y_i}$。据此，可列出方程。

$$\Delta E_{XY}\big|_{X=X_j, Y=Y_i} = \sum_{j=1}^{N} N_{j,p}(X_j) \left(\sum_{i=1}^{M} N_{i,p}(Y_i) \Gamma_{i,j} \right) = \Delta E_{X_j Y_i} \qquad (7\text{-}31)$$

对于 $M \times N$ 个点，一共可以列出 $M \times N$ 个方程，并且方程中所有未知数 $\Gamma_{i,j}$ 的最高次仅为 1 次，因此，可以得到 $M \times N$ 个线性方程，求解即可得到所有 $\Gamma_{i,j}$。

最后对于上述 B 样条曲面插值，需要注意两点：

①上述方法只能插值矩形分布的点阵，如果点阵分布不规则，无法使用。

②无法对超出矩形点阵范围的区域进行插值，即插值使用范围为：

$$X_1 \leqslant X \leqslant X_N \text{ 且 } Y_1 \leqslant Y \leqslant Y_M \qquad (7\text{-}32)$$

7.2.4 建模及精度验证

1）实验装置

以典型的 C 型数控机床 LeaderwayV-450 立式加工中心为研究对象，具体热误差测点分布位置如图 7-14 所示。温度采集系统选用温度传感器 DS18B20 用于测量温度数据。温度传感器的安放位置如图 7-19 和表 7-4 所示；坐标采集系统是由在线检测系统（包含测头和红外接收器）、机床外扩 I/O 单元、坐标采集卡和计算机组成。其原理是获得在线检测系统测量测头当前所在位置坐标，通过机床外扩 I/O 单元将此坐标值输出到坐标采集卡中，并利用坐标采集卡将坐标值输入计算机，最终完成坐标采集。同一温度时刻，工作台不同测点坐标值拟合出的曲面为该温度平面度评定标准，而不同温度时刻，各测点的坐标值偏差为该点 Z 轴热误差数据。

实验数据测量时，温度数据和热误差数据为同步测量。温度采集系统和坐标集系统实物图如图 7-20 所示。

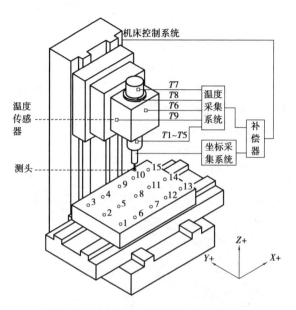

图 7-19 温度传感器及测点分布示意图

注:$T1 \sim T9$ 为温度传感器编号($T10$ 未在图中画出);$1 \sim 15$ 为工作台上 15 个测点的编号。

表 7-4 传感器安放位置及作用

传感器	安放位置	作 用
$T1, T2, T3, T4, T5$	主轴前轴承	测量电机发热
$T6, T9$	主轴外箱	测量主轴发热
$T7, T8$	主轴电机	测量主轴发热
$T10$	机床外壳	测量环境温度

图 7-20 温度采集系统和坐标采集系统实物图

119

2）机床综合误差补偿方案确定

（1）工作台 Z 轴轴向变形特征分析

根据第一批实验数据绘制 10 个温度传感器采集的温度值变动趋势图，如图 7-21 所示。选取温度提升过程中主轴区域温度值变化值较大的 3 个时刻，即第 0 min、第 30 min 和第 180 min 时刻的工作台上 15 个点位置对应的坐标值，利用 3 次样条函数曲面插值法，画出该时刻工作台面形态图，如图 7-22 所示。

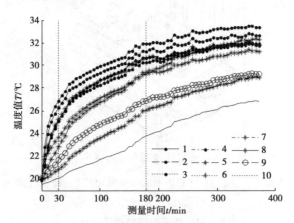

图 7-21　温升趋势图

注：图中的 1—10 为 10 个温度传感器的编号；

竖虚线为所截取的测量时刻。

分析图 7-22 可知，工作台面存在初始的平面度误差，即工作台各点初始坐标存在差异。随着温度的升高，工作台沿主轴 Z 方向呈整体上升趋势，但随着温度的变化，形状并没有较大改变，即各点之间的坐标值差异依然基本保持不变。从所测数据中提取各被测点 Z 轴坐标，并计算相应的热变形量，得各点处 Z 轴热变形量的趋势图，如图 7-23 所示。

分析图 7-23 可知，在实验中工作台各点热误差均沿机床 Z 轴轴向发生热变形，规律性明显。同一测量时刻工作台各点 Z 轴的热变形量相差在 5 μm 之内，得出工作台整体平面度误差，即平面内各点之间的相对误差变化不大，这与图 7-22 得出的结论一致。

（2）工作台 Z 轴轴向综合误差补偿方案确定

工作台各点热误差均沿 Z 轴轴向发生热变形，并且工作台平面度误差保持不变，故针对工作台热误差和平面度误差采用分开建模的补偿方法。先对工作台初始面的形状进行拟合建模，建立起工作台的初始平面度误差模型

120

$f(X,Y)$,该模型根据X、Y任意坐标求出其所在位置平面度误差。再根据工作台各测点Z轴轴向热误差变化规律,拟合出15个测点的热误差模型Z_j($j=1$,2,$\cdots$,15),并选择一处最优的热误差模型Z_j。然后将所选热误差模型与工作台初始平面度误差模型叠加,构建一个针对全工作台Z轴轴向综合误差补偿的模型。

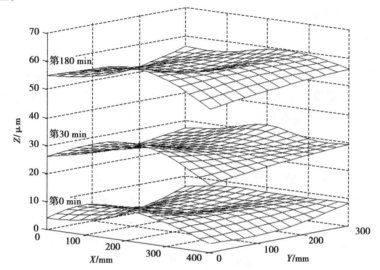

图7-22　工作台面第0 min、30 min、180 min形态图

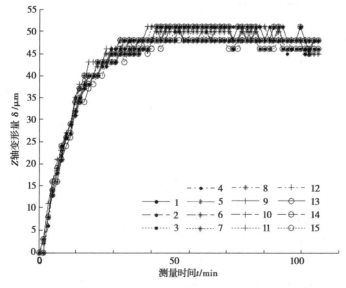

图7-23　第一批实验工作台15点Z轴的热变形趋势

121

因此,建立全工作台 Z 轴轴向综合误差补偿模型如下:

$$z = f(x,y) + z_j \qquad (7\text{-}33)$$

式中 z 为全工作台 Z 轴轴向综合误差补偿值。

3)综合误差模型建模过程

(1)热误差模型的建立

多元线性回归建模是机床热误差模型的常用建模方法,是以温度值增量为自变量,热变形量为因变量进行建模。在建模过程中,常使用模糊聚类和灰色关联度相结合的方法,筛选出温度敏感点作为变量,在保证所建模型精度的同时,来降低过多温度变量带来共线性误差的影响。按照温度敏感点筛选方法,选定温度传感器 $T1$ 和 $T8$ 作为温度敏感点来进行建模。假设实验时工作台每点位置测量次数为 n 次,则其通用表达式为:

$$z_j = b_0 + b_1 \Delta T_{1i} + b_2 \Delta T_{8i} + e_i$$
$$(i = 1,2,\cdots,n) \qquad (7\text{-}34)$$

式(7-34)中,$(\Delta T_{1i}, \Delta T_{8i})$ 为温度敏感点处的第 i 次测量时刻温度值增量,(b_0, b_1, b_2) 为相应温度变量的回归系数估计值,z_j 为 j 点热变形测量值,e_i 是与实际测量值 z_j 存在的偏差,也称残差。

现根据式(7-34),针对第一批实验全工作台 15 点测量数据进行多元线性回归建模,所建模型系数和标准差见表7-5。

表 7-5　工作台 15 处回归模型参数

回归系数	1	2	⋯	15
b_0	0.355 3	0.369 4	⋯	0.313 9
b_1	3.462 7	3.437 1	⋯	3.251 9
b_2	0.496 8	0.616 3	⋯	0.538 4
s_i	4.683 4	4.653 3	⋯	4.567 2

表 7-5 中,b_0 为常数项;b_1 为温度敏感点 $T1$ 的回归系数估计值;b_2 为温度敏感点 $T8$ 的回归系数估计值;$1,2,\cdots,15$ 为工作台 15 个位置点;s_i 分别为工作台 15 个位置点所建热误差模型的拟合标准差,$i = 1,2,\cdots,n$。

(2)热误差模型的选取

根据 Z 轴轴向误差综合补偿建模的要求,本节需要在 15 处热误差模型中选取一处模型参与综合建模。故通过各个点的模型对全批次数据的预测精度分析法来判别最优热变形建模位置点。将 15 处模型分别对第二批次和第三批次实验数据进行预测,得出预测标准差见表7-6。

表 7-6　第一、二、三批次 15 处模型的预测标准差　　　单位：μm

建模位置	数据批次	1 处	2 处	…	15 处
1 处	第一批	**4.68**	5.03	…	4.90
	第二批	5.75	6.32	…	5.47
	第三批	7.75	8.87	…	7.16
2 处	第一批	4.77	**4.87**	…	5.31
	第二批	5.25	4.65	…	5.05
	第三批	7.19	8.28	…	6.62
⋮	⋮	⋮	⋮	⋮	⋮
15 处	第一批	5.62	6.10	…	**4.57**
	第二批	7.23	7.86	…	6.79
	第三批	9.28	10.50	…	8.70

注：表中加粗部分为工作台各位置点处对自身的多元线性回归拟合的标准差；灰色部分为对同一位置其他批次的预测标准差。

通过对表 7-6 中的标准差进行进一步分析，将每一个模型的 45 个预测精度参数给予平均化和离散化，分别得到每一个模型的预测精度平均值参数 M_n 和预测精度离散标准差参数 S_d。M_n 越小，表示模型平均预测精度越高；S_d 越小，表明模型的预测稳健性越强。第一批次 15 处模型预测精度参数 M_n 和 S_d 结果见表 7-7。

表 7-7　第一批次 15 处模型预测精度　　　单位：μm

建模位置	1 处	2 处	…	15 处
M_n	6.09	5.78	…	7.26
S_d	1.25	1.03	…	1.70

将表 7-7 中数据以折线图的方式表示，如图 7-24 所示。

由图 7-24 可得，工作台上 2、5、8、11 和 14 位置点所建模型对其他各批次预测精度相对于相邻点位置较小，并且第 8 位置点最小。结合图 7-19 中工作台各测点的位置分布，得知工作台上测点 2、5、8、11 和 14 点位于 Y 轴的中心线上。并且第 8 位置点同时处于工作台 X 轴方向中心线上，即为工作台中心位置点处。所以得出位于工作台 Y 轴中心线上的位置点所测数据比较稳定，所建热误差模型对其他批次数据预测效果更好,同时工作台中心位置点所建热误差模型对其他批次数据预测效果最好。

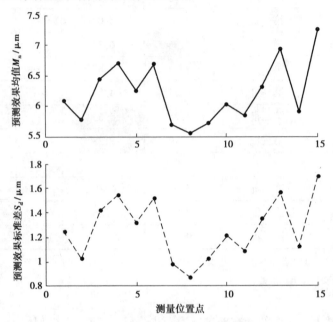

图 7-24   第一批次 15 处模型预测精度趋势图

经分析得出原因:本节实验所选取的机床为典型的 C 型数控机床,机床 X 轴方向的整体结构基本呈对称布局,其热变形随温升变化较小;相对来说,Y 轴的非对称结构导致其热变形较大。Y 轴中心线上的位置点抵消掉了部分 Y 轴方向的热变形影响,所以其预测效果好于没有抵消 Y 轴方向的热变形影响位置点。第 8 位置点为工作台中心点,其所处空间位置为机床的 X、Y 轴中心线对称处,同时抵消了 X、Y 轴热变形导致工作台倾斜等影响,热变形比较稳定,所以其所建模型预测其他位置热变形精度最小。故本节最终选取第 8 位置点所建热误差模型参与综合误差补偿建模。

选取表 7-5 中所求的工作台第 8 位置点处的热误差模型如下所示:

$$z_8 = 0.384\ 5 + 3.532\ 1\Delta T_{1i} + 0.560\ 5\Delta T_{8i} + e_i$$

$$i = 1, 2, \cdots, n \qquad s_8 = 4.766\ 9 \tag{7-35}$$

式中,ΔT_{1i} 为 T_1 温度敏感点第 i 测量时刻温度相对于第 0 测量温度时刻的增量值;ΔT_{8i} 为 T_8 温度敏感点第 i 测量时刻温度相对于第 0 测量温度时刻的增量值;z_8 为工作台中心位置点第 8 点热变形补偿值;s_8 为第 8 点的拟合标准差。

（3）全工作台平面度误差模型的建立

工作台平面度误差建模，采用最小二乘曲面拟合的算法，拟合出工作台初始曲面方程。为使补偿模型运算简单且能反映工作台平面的特性，选择用二元三次多项式的模型进行建模：

$$f(x,y) = a_0 + a_1x + a_2y + a_3x^2 + a_4xy + a_5y^2 + a_6x^3 + a_7x^2y + a_8xy^2 + a_9y^3$$

（7-36）

式（7-36）中，$(a_0, a_1, \cdots, a_{15})$ 为相应变量的系数估计值；x 为机床加工工件时 X 轴坐标值；y 为机床加工工件时 Y 轴坐标值；$f(x,y)$ 为主轴在工作台上坐标为 (x,y) 时机床 Z 轴的热误差补偿值。

对平面进行最小二乘曲面拟合时，由测量的工作台初始平面坐标值确定曲面常数。由实验所测工作台 15 点位置坐标 $(0,0,4)$、$(0,150,0)$、$(0,300,6)$、$(100,300,8)$、$(100,150,6)$、$(100,0,11)$、$(200,0,11)$、$(200,150,6)$、$(200,300,8)$、$(300,300,8)$、$(300,150,8)$、$(300,0,8)$、$(400,0,3)$、$(400,150,3)$、$(400,300,8)$。依据公式（7-36）拟合的热误差曲面模型如下：

$$f(x,y) = 4.140\,4 + (905.26x - 3.029\,8x^2 - 0.744\,6xy - 3.679\,9y^2 + 0.001\,7x^3 +$$
$$0.005\,5x^2y - 0.003\,9xy^2 + 0.012\,9y^3) \times 10^{-4}$$
$$S_0 = 1.074\,0 \qquad\qquad (7\text{-}37)$$

（4）建立综合误差补偿模型

根据公式（7-33），由以上计算的工作台中心位置点处（第 8 点）所建热误差模型公式（7-35）和工作台平面度误差模型公式（7-37）合并成如下模型：

即全工作台 Z 轴轴向综合误差补偿模型如下：

$$f(x,y,T_1,T_8) = 4.525 + 3.532\,1\Delta T_{1i} + 0.560\,5\Delta T_{8i} +$$
$$(905.26x - 3.029\,8x^2 - 0.744\,6xy - 3.679\,9y^2 +$$
$$0.001\,7x^3 + 0.005\,5x^2y - 0.003\,9xy^2 + 0.012\,9y^3) \times 10^{-4} \quad (7\text{-}38)$$

4）模型补偿精度分析

（1）全工作台综合误差模型预测精度分析

上述机床全工作台综合误差模型对第二、三批实验全工作台各温度时刻进行预测分析，得出预测的最大残差和残余标准差见表 7-8。

分析表 7-8 可得，预测第二批实验数据时，综合模型对工作台各个温度时刻预测残余标准差分布范围为 $1.39 \sim 10.33$ μm，最大残差分布范围为 $2.37 \sim 12.06$ μm；预测第三批实验数据时，预测残余标准差分布范围为 $1.36 \sim 9.81$ μm，最大残差分布范围为 $2.65 \sim 12.45$ μm。

表7-8　综合模型对全工作台每个测量时刻预测的最大残差和残余标准差 单位:μm

预测时刻	第二批		第三批	
	最大残差	残余标准差	残余最大残差	残余标准差
第 0 min	3.24	1.64	3.33	1.97
第 6 min	9.94	8.48	9.50	7.82
⋮	⋮	⋮	⋮	⋮
第 180 min	3.98	2.41	10.17	7.25
⋮	⋮	⋮	⋮	⋮
范围	2.37 ~ 12.06	1.39 ~ 10.33	2.65 ~ 12.45	1.36 ~ 9.81

(2)传统工作台固定单位置点模型预测精度分析

按照传统工作台固定单点热误差建模补偿的方法,根据3.2节,以工作台最优建模位置点第8点为例,同样选定温度传感器$T1$和$T8$作为温度敏感点,所建立热误差补偿模型如式(7-35)所示。对第二、三批实验全工作台各温度时刻进行预测分析,得出预测最大残差和残余标准差见表7-9。

表7-9　单点热误差模型对全工作台每个测量时刻预测的最大残差和残余标准差 单位:μm

预测时刻	第二批		第三批	
	最大残差	残余标准差	残余最大残差	残余标准差
第 0 min	10.62	6.34	10.62	6.15
第 6 min	6.99	3.36	5.61	3.18
⋮	⋮	⋮	⋮	⋮
第 180 min	11.93	9.37	18.48	14.28
⋮	⋮	⋮	⋮	⋮
范围	5.39 ~ 19.73	3.01 ~ 14.95	5.61 ~ 21.62	2.97 ~ 16.67

分析表7-9可得:预测第二批实验数据时,传统单点热误差模型对工作台各个温度时刻预测残余标准差分布范围为3.01 ~ 14.95 μm,最大残差分布范围为5.39 ~ 19.73 μm;预测第三批实验数据时,预测残余标准差分布范围为2.97 ~ 16.67 μm,最大残差分布范围为5.61 ~ 21.62 μm。

(3)预测精度对比分析

将表7-8、表7-9各批次实验按照不同建模方法预测结果绘制曲线图,如

图 7-25、图 7-26 所示。

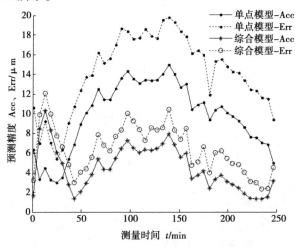

图 7-25　对第二批次实验数据的预测效果图

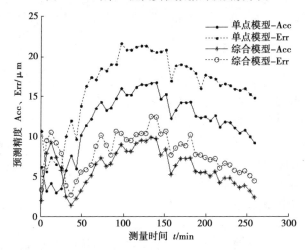

图 7-26　对第三批次实验数据的预测效果图

分析图 7-25、图 7-26,综合模型对工作台各个温度时刻的预测残余标准差和最大残差均低于传统单点热误差模型。对第二批次实验数据预测时,综合建模预测比传统单点建模预测标准差最大提高了 7.14 μm,残差的差值最大减小 11.31 μm。同时对第三批实验数据预测时,预测标准差最大提高了 7.09 μm,残差的差值最大减小 11.30 μm。

故本著作提出的 Z 轴轴向综合误差模型对整个工作台误差预测效果优于根据工作台单点测量数据建立的热误差模型,预测标准差提升了约 7 μm,

补偿效果提升了 50%；单次最大补偿精度提升约 11 μm，补偿效果提升了 60%。

7.3　多因素影响下热误差探究实验设计

当热误差影响因素增多，尤其是考虑到机床工作状态，相对于空转受到更多的参数变化影响，比如切削速度、切削深度等，这些因素必须在研究中予以考虑。要探究多种因素对热误差的影响，如果采用基于实验的黑箱法，难免出现实验量巨大、成本高，甚至难以完成的情况。对于工程应用来说，实验周期的延长即意味着研发，生产进度的拖延。比如对于 2 个参数影响下的探究实验，每个参数对应 4 个水平值，要探究因素水平值全部排列组合的话，需 $4^2 = 16$ 批次实验，如果参数增加到 4 个，则实验量增加至 $4^4 = 256$ 批次。对于热误差来说，一次测量实验要花去一天时间，256 批次实验意味着需要近一年的时间，在工程上几乎是难以接受的。因此，合理的设计实验至关重要。

7.3.1　田口正交实验法

日本著名的统计学家田口玄一提出了正交实验理论可以有效解决此问题。其减小实验量的基本原理是忽略多因素的耦合影响。比如对于一个物理量 A，受到多种因素的影响：

如果仅有包含 B 的 1 个影响因素，并有两个水平，记为 B(1) 和 B(2)，则要探究 B 因素的影响对物理量 A 的直接影响，只需要安排在 B(1) 和 B(2) 两个水平下进行实验，就能得到因素 B 的影响规律。

如果有 2 个因素 B 和 C，每个因素有两个水平，即 B(1)、B(2) 和 C(1)、C(2)，则两个因素会产生耦合影响，即在 C(1) 和 C(2) 不同水平下，因素 B 对物理量 A 的影响规律可能出现变化，C 因素会影响 B 因素的影响规律，反过来 B 因素也会影响 C 因素的影响规律，进而产生新的规律：C 因素对 B 因素影响规律的影响规律和 B 因素对 C 因素影响规律的影响规律。

同理，如果有 3 个因素，B，C 和 D，则会有 3 个因素之间相互耦合，比如 B 因素对[C 因素对(D 因素影响规律)的影响规律]的影响规律。

正交实验理论仅考虑各因素对物理量 A 的直接影响，认为耦合影响固然存在，但程度小于各因素的直接影响，因此不妨将耦合影响视为随机误差，虽然会造成最终探究实验结论精度的下降，但能够将实验量控制在工程可接受的范围内。因此正交实验理论是一种工程实用性非常强的理论。

随机误差的一个重要特点为不受控制,即在某一范围内,所有值按一定概率分布均可能出现,换一种角度理解,可以认为随机误差是均衡的,即当实验量足够大时,在范围内的所有值均出现过。基于此,正交实验理论对于各因素的各水平安排实验,使有其他因素所有水平均出现,以产生随机误差的效果。比如,对于 3 个因素 B,C,D,每个因素 2 个水平,即 B(1)、B(2);C(1)、C(2)和 D(1)、D(2),如果有足够量的实验在 B(1)水平下,水平 C(1)、C(2)和 D(1)、D(2)均出现,则认为因素 C 和 D 的影响呈随机误差的方式体现。

据此,正交实验理论提出了正交实验表,可以通过最小的实验量,探究各因素的直接影响规律。比如,对于 3 个因素 B,C,D,每个因素 2 个水平的探究,可选用 $L_4(2^3)$ 正交表,见表7-10。

表7-10　$L_4(2^3)$ 正交表

实验批次	水 平		
	B	C	D
1	1	1	1
2	1	2	2
3	2	1	2
4	2	2	1

表7-10 中,每一列代表 1 个因素,每一行代表 1 次实验对应的各因素水平,用数字"1"和"2"代替。

正交表有两个特点,如下:

均匀分散性:每一列中,每个水平数字出现的次数相等,比如对于第一列,数字 1 和数字 2 均出现了两次。

整齐可比:每两列中,每两个水平数字组合出现的次数相等,比如第一列和第二列,数字(1,1)、(1,2)、(2,1)、(2,2)均出现 1 次。

上述性质决定了正交表良好的组合特性,比如,要探究因素 B 的影响。第1,2 批次实验中,因素 B 的水平为1,同时因素 C 和 D 的两个水平也均出现了,因此对于因素 B 水平1,因素 C 和 D 的影响同随机误差。将第1,2 批次实验的数据进行平均可得到因素 B 水平 1 的影响,同理结合第3,4 批次实验可得到因素 B 水平 2 的影响。同样的原理也适用于因素 C 和 D。

综上,正交实验法可分为以下主要步骤:

①确定因素和水平数。

②选取合适的正交表,设计实验。

③进行实验。

正交表的具体构造方法涉及的数学理论较多,甚至还有一些未解决的理论问题,正交实验法能够被广泛接受是因为大量良好的工程应用效果,因此正交实验法可以说是一种应用超前于理论的方法。在工程应用方面,目前已经有很多现成的正交表,只要确定了因素和水平数,直接找到合适的正交表,拿来使用即可。

7.3.2　应用案例——实切状态下热误差建模参数优化

热误差特性随着参数的变化而变化,但在参数变化一定的范围内。如果热误差的变动在可接受的范围之内,则在工程上可认为能够忽略相关参数的影响。但对于热误差模型来说,在一定的参数变化范围内,必然希望建模数据所包含的信息最能反映当前范围内的热误差特性。

实验中发现,如果在热误差测量阶段,改变机床的一些影响因素,也会导致测量数据中包含的热误差特性信息有所差异,进而使建立的模型预测精度出现差异。因此,会不会存在某种比较好的参数组合,能够从测量阶段进一步优化热误差模型,值得探究。

作为应用案例,借助于田口正交实验法,在实际切削条件下,针对 Leader-way V-450 机床的主轴 Z 向热变形,探究主轴转速、进给速度、切削深度和环境温度 4 种因素对热误差建模效果的影响,最终目的是找出抗干扰能力强、调整性好、性能稳定的最佳参数水平组合,提高模型预测精度及稳健性。控制因素及其水平见表 7-11。

表 7-11　控制因素及水平表

过程控制因素	Lv. 1	Lv. 2	Lv. 3	Lv. 4
主轴转速/$(r \cdot min^{-1})$	500	1 000	1 500	2 000
进给速度/$(mm \cdot min^{-1})$	400	600	800	1 000
切削深度/μm	50	100	150	200
环境温度/℃	10	15	20	25

对于该 4 种因素水平,采用正交表 $L_{16}(4^4)$ 安排实验计划,具体实切实验设计参数见表 7-12。

表 7-12 实切实验参数设计表

实验编号	主轴转速		进给速度		切削深度		环境温度	
	水平	取值 /(r·min⁻¹)	水平	取值 /(mm·min⁻¹)	水平	取值 /μm	水平	取值 /℃
A1	1	500	1	400	1	50	1	7.5~12.5
A2	1	500	2	600	2	100	2	12.5~17.5
A3	1	500	3	800	3	150	3	17.5~22.5
A4	1	500	4	1 000	4	200	4	22.5~27.5
A5	2	1 000	1	400	2	100	3	17.5~22.5
A6	2	1 000	2	600	1	50	4	17.5~22.5
A7	2	1 000	3	800	4	200	1	7.5~12.5
A8	2	1 000	4	1 000	3	150	2	17.5~22.5
A9	3	1 500	1	400	3	150	4	17.5~22.5
A10	3	1 500	2	600	4	200	3	17.5~22.5
A11	3	1 500	3	800	1	50	2	17.5~22.5
A12	3	1 500	4	1 000	2	100	1	7.5~12.5
A13	4	2 000	1	400	4	200	2	17.5~22.5
A14	4	2 000	2	600	3	150	1	7.5~12.5
A15	4	2 000	3	800	2	100	4	17.5~22.5
A16	4	2 000	4	1 000	1	50	3	17.5~22.5

根据表 7-12 所示的参数组合,当环境温度变化至对应水平时,进行热误差实验,其中 A1、A9 和 A16 批次实验数据分别如图 7-27、图 7-28 和图 7-29 所示。

根据 A1~A16 批次数据,利用稳健性数控机床温度敏感点选择方法对温度敏感点进行选择,并利用稳健性算法建立温度敏感点和热误差之间的模型,温度敏感点选择结果见表 7-13,模型建立结果见表 7-14。

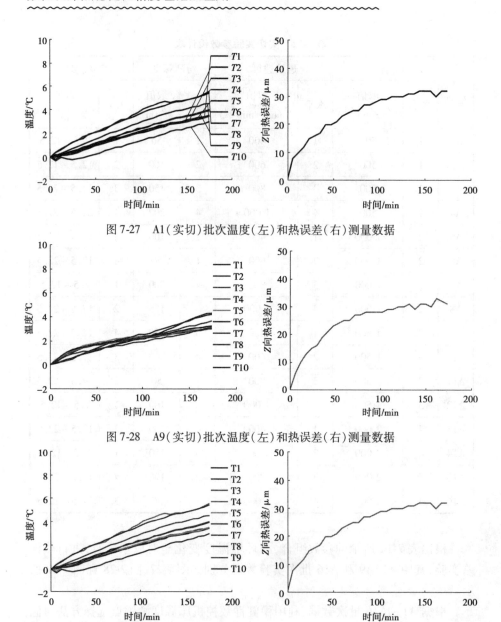

图 7-27　A1（实切）批次温度（左）和热误差（右）测量数据

图 7-28　A9（实切）批次温度（左）和热误差（右）测量数据

图 7-29　A16（实切）批次温度（左）和热误差（右）测量数据

表 7-13　A1～A16 温度敏感点选择结果

实验批次	A1	A2	A3	A4	A5	A6	A7	A8
Z 向温度敏感点	$T1$ $T4$	$T3$ $T5$	$T4$ $T5$	$T4$ $T5$	$T4$ $T5$	$T2$ $T5$	$T4$ $T5$	$T4$ $T5$
实验批次	A9	A10	A11	A12	A13	A14	A15	A16
Z 向温度敏感点	$T3$ $T5$	$T3$ $T5$	$T4$ $T5$	$T4$ $T5$	$T1$ $T4$	$T1$ $T4$	$T4$ $T5$	$T1$ $T4$

表 7-14　A1～A16 热误差模型

批　次	模　型	批　次	模　型
A1	$\Delta Y = 2.13\Delta T1 + 1.99\Delta T4 + 1.42$	A9	$\Delta Y = 2.50\Delta T3 + 2.22\Delta T5 + 1.05$
A2	$\Delta Y = 1.57\Delta T3 + 1.72\Delta T5 + 1.16$	A10	$\Delta Y = 2.69\Delta T3 + 2.06\Delta T5 + 1.53$
A3	$\Delta Y = 1.99\Delta T4 + 2.02\Delta T5 + 1.12$	A11	$\Delta Y = 2.33\Delta T4 + 2.32\Delta T5 + 1.07$
A4	$\Delta Y = 2.67\Delta T4 + 2.44\Delta T5 + 1.00$	A12	$\Delta Y = 2.93\Delta T4 + 2.74\Delta T5 + 1.25$
A5	$\Delta Y = 2.41\Delta T4 + 2.19\Delta T5 + 1.13$	A13	$\Delta Y = 2.89\Delta T1 + 3.12\Delta T4 + 0.90$
A6	$\Delta Y = 2.58\Delta T2 + 2.31\Delta T5 + 0.67$	A14	$\Delta Y = 2.62\Delta T1 + 2.55\Delta T4 + 0.88$
A7	$\Delta Y = 2.40\Delta T4 + 2.19\Delta T5 + 1.13$	A15	$\Delta Y = 2.80\Delta T4 + 2.99\Delta T5 + 0.96$
A8	$\Delta Y = 2.36\Delta T4 + 2.36\Delta T5 + 0.99$	A16	$\Delta Y = 2.37\Delta T1 + 2.41\Delta T4 + 0.36$

其中，ΔY 为热误差量，$\Delta T1 \sim \Delta T5$ 为传感器测得的温度敏感点温度变化量。

结合田口实验法给出的分析方法，通过模型的预测精度来探究主轴转速、进给速度、切削深度和环境温度 4 种因素对热误差模型的影响，具体如下。

信噪比（SNR）作为评价通信设备、线路、信号质量等优劣的指标，采用的是（Signal）的功率和噪声（Noise）的功率之比。田口博士将信噪比的概念引入正交实验中，以信噪比作为衡量产品质量稳定性的指标，越大表示质量越好。本节以信噪比作为衡量模型预测效果的指标，对正交实验结果进行统计分析。信噪比计算公式如下。

$$\mathrm{SNR}_i = 10\,\lg \frac{16}{\sum\limits_{j=1}^{16} S_{i \to j}^2} = -10\,\lg\left(\frac{1}{16}\sum\limits_{j=1}^{16} S_{i \to j}^2\right) \tag{7-39}$$

式中，SNR_i 表示 A_i 批次数据建立的模型的信噪比，$S_{i \to j}^2$ 为 A_i 批次数据建立的

模型对 A_j 批次数据预测得到的残差平方和,计算方法如下。

$$S^2_{i \to j} = \frac{\sum\limits_{k=1}^{n} (\widehat{y}_k - y_k)^2}{n-1} \qquad (7-40)$$

其中 $\widehat{y}_k$ 为 A_i 批次数据建立的模型对 A_j 批次数据预测得到的第 k 个预测值, y_k 为 A_j 批次数据对应的第 k 个测量值。最终的计算结果见表 7-15。

表 7-15　A1 ~ A16 批次实切实验模型信噪比

实验批次	A1	A2	A3	A4	A5	A6	A7	A8
SNR	-18.2	-16.1	-15.6	-15.5	-15.5	-16.6	-15.3	-14.7
实验批次	A9	A10	A11	A12	A13	A14	A15	A16
SNR	-17.4	-17.5	-17.4	-15.9	-18.1	-17.0	-18.7	-19.4

根据表 7-15 的计算结果,可通过主因素分析来获取各因素实切状态对热误差模型的影响权重,并提取最佳参数组合。

首先计算各因素在对应水平下的信噪比均值,比如要计算主轴转速在水平 1(500 r/min)下的平均值,可将 A1 ~ A4 批次实验数据模型得到的信噪比进行平均,即

$$\frac{-18.2 - 16.1 - 15.6 - 15.5}{4} = -16.3500 \qquad (7-41)$$

最终的计算结果见表 7-16。

表 7-16　各因素水平的平均信噪比

水　平	主轴转速 /(r · min⁻¹)	进给速度 /(mm · min⁻¹)	切削深度 /μm	环境温度 /℃
1	-16.4	-17.3	-17.9	-16.6
2	-15.5	-16.8	-16.6	-16.6
3	-17.0	-16.8	-16.2	-17.0
4	-18.3	-16.4	-16.6	-17.1
差异	2.8	0.9	1.7	0.5
排序	1	3	2	4

如表 7-16 所示,各因素水平下的平均信噪比反映了此因素在将其他因素视为随机误差的条件下,单独作用的结果。如果对于某个因素,在不同水平下的平均信噪比差异越大说明此因素对热误差模型的影响越大。通过表7-16可以看出主轴转速的差异达 2.8,影响最大。最小的是环境温度,仅为0.5。

将每个因素下平均信噪比最高的因素选入最佳参数组合,结果为主轴转速 1 000 r/min、进给速度 1 000 mm/min、切削深度 150 μm 以及 12.5 ~ 17.5 ℃ 的环境温度。

为了验证得到的最佳参数组合,另进行了一组 16 批次重复验证热误差测量实验,记为B1 ~ B16批次,除了 B8 批次是按照最佳参数组合设置,其余批次均仿照表 7-8 中 A1 ~ A16 批次的实验参数进行设置。

参考式(7-37)和式(7-38),分别计算 B1 ~ B16 批次实验数据建立模型的信噪比,见表 7-17。

表 7-17　B1 ~ B16 批次实切实验模型信噪比

实验批次	B1	B2	B3	B4	B5	B6	B7	B8
SNR	− 19.8	− 15.5	− 15.6	− 15.2	− 15.6	− 15.7	− 15.9	− 14.2
实验批次	B9	B10	B11	B12	B13	B14	B15	B16
SNR	− 16.6	− 16.3	− 16.0	− 15.2	− 16.8	− 15.8	− 19.2	− 17.8

从表 7-17 可以看出,按照最佳参数组合设置的 B8 批次实验,得到的信噪比最高,说明利用田口正交实验的确能够对热误差模型的预测效果起到提升作用。

7.4　小　结

数学算法能保障利用一批次数据建模模型的准确性,但模型也仅能反映建模数据所包含的热误差特性,当某些因素导致热误差特性发生变化时,模型即会出现精度下降的情况,经过实验观测,这种现象是存在的。

目前关于机床热误差的研究,均采用国际标准《机床检验通则(ISO 230-3:2007 IDT)第三部分:热效应的确定》提出的"五点测量法"对热误差进行测量,这种方法仅针对机床处于空转状态,无法应用于机床实际切削时的实切状态。因此本章主要针对实切状态下的热误差补偿进行了探究,基于在线检测系统,研制了能够测量实切状态热误差的测量装置。通过测量数据比对发现,相对于空转状态,实切状态下的热误差增加了冷却液、切削力、切削参数等额外因素的影响,导致机床整体温度场分布和热误差特性均发生了较大的变化,因此,空转状态下建立的热误差模型,在应用补偿实切热误差时,误差会加剧。

此外,"五点测量法"对机床热误差的检测仅限于工作台上单点固定位置,未考虑全工作台不同位置处热误差存在的差异性,导致了单点热误差模型补偿精度下降的问题。因此,本章首先基于在线检测系统,研制了全工作台热误差测量系统,可对工作台上不同位置处的多点热误差进行快速测量;基于这些测量数据,提出了稳健性热误差建模算法和多元回归以及 B 样条函数曲面插值算法,建立了全工作台热误差补偿模型。模型自变量除了包括机床温度之外,还需要提供机床工作台位置坐标,进而可根据工作台位置的变动进行自适应调整热误差预测值。

最后,考虑热误差的影响因素众多,实验量过大的问题,因此提出了田口正交实验法,对实验设计进行了优化。基于此,探究了主轴转速、进给速度、切削深度和环境温度 4 种因素对实切状态下热误差建模效果的影响,找出了一组优化参数组合,进一步提升实切状态下热误差模型的预测精度和稳健性。

8

数控机床热误差评估检验方法

　　热误差的检验是衡量机床尤其是高端数控机床的重要指标。对于热误差测量"五点测量法",国际标准《机床检验通则(ISO 230-3:2007 IDT)第三部分:热效应的确定》提出此方法的一个重要目的是在机床厂家、用户等相关单位需要对机床热误差进行检验评估时,有一个统一的热误差测量方法。

　　但根据本著作之前的内容可知,"五点测量法"在评估实切状态以及全工作台热误差方面存在不足,由此可见,关于数控机床热误差补偿领域的相关评估检验方法较为欠缺。鉴于此,本章提供四种热误差评估方法,以供研究人员和工程技术人员使用参考。

　　第一种是规定了数控加工中心的环境温度变化、主轴旋转和线性轴移动的3种热变形的检验和评定方法。适用于检验两线性轴线联动所产生的圆形轨迹的圆滞后、圆偏差及半径偏差参数,由线性轴移动引起的热变形检验仅适用于数控机床。本著作称之为数控加工中心热变形检验法。

　　第二种是利用待检验机床加工某种特定形状和尺寸的零件,并采用科学的加工顺序,使得热误差能够包含在最终加工完成零件的几何尺寸中,通过检验加工完成的零件精度达到检验机床热误差的目的。本著作称此方法为热误差精加工试件精度检验法。

　　第三种是利用接触式探测系统对机床工作台上多个实物标准器进行坐标测定,并在每次测定过程后加入空转环节使机床产生热误差,分别计算每个实物标准器各测点的坐标差值来测定机床工作台多点热误差。本著作称之为精密数控机床工作台多点热误差的测定。该法适用于测定行程小于2 000 mm立式三轴精密数控机床在空运转条件下工作台上的多点热误差。

　　第四种是利用待检测机床对实切试件进行加工,通过快速更换刀具和接触式探测系统对实切热误差进行测量,以此测定机床实切状态下的热误差。本著作称之为精密数控机床实切状态下热误差的测定。该法适用于测定行程不超过2 000 mm的立式三轴精密数控机床在实切状态下的热变形误差。

8.1　数控加工中心热变形检验条件和评定方法

8.1.1　检验的工具和条件

国家标准《机床检验通则》(GB/T 17421.1—2009)规定了机床检验前的安装和检验仪器所要求的精度。为了能够进行检验,需要有以下仪器和工具:

①具有合适测量范围、分辨率、热稳定性和精度的球杆仪。

②具有足够分辨率和精度的温度传感器(如热电偶,电阻式或半导体温度计)。

③温度数据采集装置,如所有通道可连续监视和绘图的多通道图像记录仪,或计算机数据处理系统,在此系统中所有通道至少每5 min采样一次,并可存储数据,便于以后分析。

④球杆仪采集数据,检验开始时首先用球杆仪分别对数控机床两线性轴线联动产生的圆形轨迹采集数据一次,此后每90 min测量一次,并可存储数据,便于以后分析。

机床在装配后,应按照机床供应商/制造商说明书的要求充分运行,并且必须做记录。在机床检验前,所有必要的调平、几何调整和功能检验都应完成。机床和有关的检验工具应在检验环境中达到热稳定状态。机床及附属装置应处于动力接通状态,轴线处于"保持"位置,主轴不旋转。应按供应商/制造商的规定或检验仪器的说明通电足够的时间,以便内部热源达到稳定的状态。机床与检验仪器应避免受到气流和外部辐射(如上置的加热装置或者光线等)的影响。全部检验均应在机床无负载,即无工件的条件下进行。

8.1.2　环境温度变化误差的检验

环境温度变化误差(ETVE)的检验目的是揭示环境温度变化对机床的影响和评估其他性能测量期间的热感应误差。

球杆仪的安装方式见GB/T 17421.1—2009中6.6.3.3的示例。为了检验圆滞后 H,应顺序测量两个实际轨迹:顺时针轮廓方向和逆时针轮廓方向。所有与实际轨迹相对应的测量数据(包括反向点的峰值)都应在评定时采用。

与主轴前轴承相隔最近的机床结构的温度、机床相邻区域的空气温度,以及与主轴端部等高区域的温度应至少每 5 min 采样一次。测量与机床相隔一个适当距离的环境温度也非常必要,以避免由于机床的一些热源(例如:液压元件)引起的对周围空气温度的影响,尽管所测量温度不完全与所测位移有关,但它可预示在环境温度变化下机床结构的热变形。

球杆仪采集数据,检验开始时首先用球杆仪分别对数控机床两线性轴线联动产生的圆形轨迹采集数据一次(例如:XY 平面、XZ 平面和 YZ 平面),此后每 90 min 测量一次,并可存储数据,便于以后分析。环境温度变化误差的检验应至少持续 4.5 h,当最后 90 min 变形量小于最初 90 min 变形量的 15% 时,可以结束采样。

8.1.3 由主轴旋转引起的热变形检验

本项检验是为了识别由主轴旋转产生的内部热源和沿着机床结构形成的温度梯度对机床结构变形的影响,这种变形通过检验工件和刀具之间的变形得到。因为这项检验与主轴的发热程度相关,所以这项检验仅适用于具有主轴旋转的机床。

球杆仪的安装方式见 GB/T 17421.1—2009 中 6.6.3.3 的示例。为了检验圆滞后 H,应顺序测量两个实际轨迹:顺时针轮廓方向和逆时针轮廓方向。所有与实际轨迹相对应的测量数据(包括反向点的峰值)都应在评定时采用。与主轴前轴承相隔最近的机床结构的温度、机床相邻区域的空气温度,以及与主轴端部等高区域的温度应至少每 5 min 采样一次。测量与机床相隔一个适当距离的环境温度也非常必要,以避免由于机床的一些热源(例如:液压元件)引起的对周围空气温度的影响,尽管所测量温度不完全与所测位移有关,但它可预示在环境温度变化下机床结构的热变形。

球杆仪采集数据,检验开始时首先用球杆仪分别对数控机床两线性轴线联动产生的圆形轨迹采集数据一次(例如:XY 平面、XZ 平面和 YZ 平面),此后每 90 min 测量一次,并可存储数据,便于以后分析。

检验程序应按以下两种规定的主轴转速范围之一进行:

——主轴转速变化图谱,参照 GB/T 17421.3—2009 中图 6 示例;

——与最大转速成某一比例的恒定转速。

在检验中选择主轴转速图谱还是选择同最大转速成某一比例的恒定转速,应在各类机床标准中给予规定。必要时,对于特殊的检验过程(例如:检验前进行一定的温升循环)可经机床供应商/制造商和用户协商,按照他们自定的特殊要求进行检验。选择的主轴转速图谱应为机床实际使用的转速范围,例如,对于加工中心,主轴的转速图谱由不同的主轴转速构成,可以选择每种主轴转速做 2~5 min 的运行,在运行中间做 1~15 min 的间歇停车来代表典型的加工条件。对所有的传感器应以 4.5 h 为一个采样周期。当最后 90 min 变形量小于最初 90 min 变形量的15%时,可以结束采样。

8.1.4 由线性轴线移动引起的热变形检验

本检验是为了识别机床定位系统内的热源对机床结构变形的影响。

球杆仪的安装方式见 GB/T 17421.1—2009 中 6.6.3.3 的示例。为了检验圆滞后 H,应顺序测量两个实际轨迹:顺时针轮廓方向和逆时针轮廓方向。所有与实际轨迹相对应的测量数据(包括反向点的峰值)都应在评定时采用。与主轴前轴承相隔最近的机床结构的温度、机床相邻区域的空气温度,以及与主轴端部等高区域的温度应至少每 5 min 采样一次。测量与机床相隔一个适当距离的环境温度也非常必要,以避免由于机床的一些热源(例如:液压元件)引起的对周围空气温度的影响,尽管所测量温度不完全与所测位移有关,但它可预示在环境温度变化下机床结构的热变形。

球杆仪采集数据,检验开始时首先用球杆仪分别对数控机床两线性轴线联动产生的圆形轨迹采集数据一次(例如:XY 平面、XZ 平面和 YZ 平面),此后每 90 min 测量一次,并可存储数据,便于以后分析。线性轴线运动轨迹成长方形,长方形各边长按照各轴最大行程百分比进行确定,通常为行程的50%~80%,由用户和机床的供应商/制造商协商确定。通过编程各轴线的移动速度,应是快速移动速度的某一比例,这个比例将由各类机床标准规定。这些检验中的移动速度可经由用户和机床的供应商/制造商协商而改动。在这些检验中,环境温度应至少每 5 min 采样一次。检验过程应持续 4.5 h,球杆仪每 90 min 采样一次,当最后 90 min 变形量小于最初 90 min 变形量的15%时,可以结束采样。

8.1.5 检验结果的表达

以下用数字数据确定的检验结果优先采用图解法表示:

①圆滞后 H;

②圆偏差 G,用于顺时针或逆时针轮廓;

③半径偏差,F_{max} 和 F_{min},用于顺时针或逆时针轮廓。

下面的信息应与检验结果一同记录:

①检验日期;

②机床名称;

③测量装置；

④温度传感器的位置；

⑤传感器的类型；

⑥使用的热补偿程序/装置；

⑦各轴移动速度范围和轨迹；

⑧协商规定的任何特殊检验程序；

⑨检验参数。包括：a.名义轨迹的直径（或半径）；b.轮廓进给率；c.轮廓方向（顺时针或逆时针）；d.产生实际轨迹的机床运动轴线；e.检验工具在机床工作区的位置；f.温度（环境温度、机床的温度）；g.数据获得方法（当不等于360°时的数据采集范围，各不同的位置、实际轨迹的起始点和终点、用于数字数据获取的测量点数，是否采用了数据平滑处理）；h.在检验循环中机床使用的补偿；i.滑动装置或移动元件在非检验轴上所处的位置。

通常测量温度数据以温度对时间的变化曲线的形式打印出来，同时在球杆仪检验结果中必须注明球杆仪采样数据时的各温度传感器温度值。

8.2　基于精加工试件的热误差评估检验方法

8.2.1　热误差精加工试件规格

国际标准 ISO 10791-7:2014《加工中心检验条件》的第7部分：精加工试件精度检验提供了一种通过切削检验机床静态几何误差的方法，但标准规定在加工前机床要先热机以排除热误差的影响。

几何误差是指机床在加工出厂后，由于机械结构部件的加工、装配误差，导致机床实际的运动轨迹和预期的理想轨迹之间的偏差，如果不考虑热变形的影响，几何误差可以视为恒定的静态误差。而机床受热产生热变形后，也会使得机械结构部件的实际形状尺寸和理想的状态不符，故热误差可以认为是机床零部件热变形造成的几何误差变化，因此，完全可以用上述标准中的办法进行热误差检测。

这种方法的基本原理是让待检验机床对一个特定形状的工件进行特定的精加工工序，然后通过检测工件的加工精度来反映机床的精度。本著作将被加工的工件称为精加工试件。

如图 8-1 所示为精加工试件最终加工完成的结构。整个试件为正方形，上端有一个突出的倾斜75°角的菱形凸台，在上面还有一个比菱形凸台边长略小一些的圆形凸台。正方形四角为通孔,中心位置也有一个通孔。正方形左边和下边有一个角度为3°的斜面。

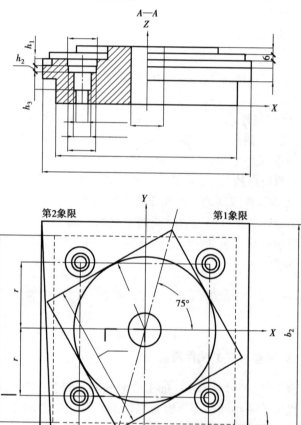

图 8-1　精加工试件

8.2.2　热误差精加工试件加工方法

通过某种特定的加工方式,使热误差能够明显地体现在加工完成的精加工试件中,如图 8-1 所示,将精加工试件分为 4 个象限分别进行加工,这样可以使得处于不同象限的部分在被加工时,机床由于运转时间不同,热误差变化程度不同,进而使得 4 个象限之间的差异能够反映出机床热误差的变化程度。

　　在加工之前,需要准备精加工试件的毛坯料,如图 8-2 所示。在对毛坯料进行加工之前,四角的孔是已经提前加工好的,以便在加工时进行装夹。装夹时,注意不要使夹具影响到正常的加工过程。

　　毛坯料推荐采用铝或者钢。具体的加工工序如下所述。

①工序 1:加工中心通孔,如图 8-2 所示。

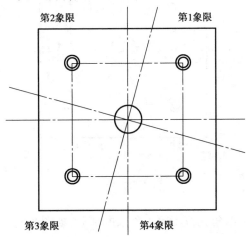

图 8-2　工序 1

②工序 2:加工正方形底座和外正方形的侧面,如图 8-3 所示。

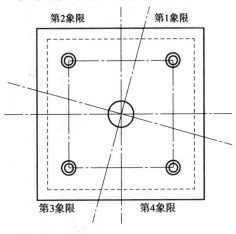

图 8-3　工序 2

③工序3:加工菱形面位于第1象限的部分,如图8-4所示。

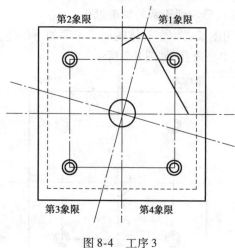

图 8-4 工序 3

④工序4:加工四角孔位于第1象限的部分,如图8-5所示。

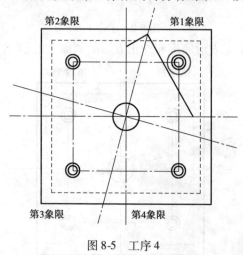

图 8-5 工序 4

⑤工序5:加工菱形面位于第2象限的部分,如图8-6所示。

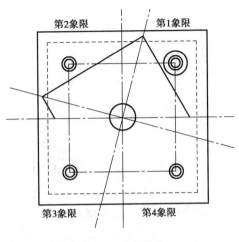

图 8-6　工序 5

⑥工序 6:加工四角孔位于第 2 象限的部分,如图 8-7 所示。

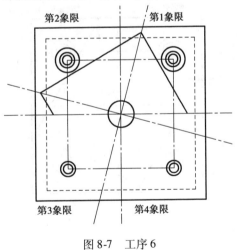

图 8-7　工序 6

⑦工序 7,8,9,10 依次类推,分别加工菱形面和四角孔位于第 3 象限和第 4 象限的部分,如图 8-8 所示。

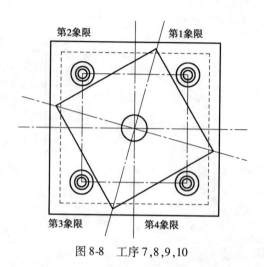

图 8-8   工序 7,8,9,10

⑧工序 11：加工位于第 2、3 象限角度为 3°的斜面，如图 8-9 所示。

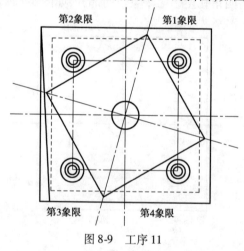

图 8-9   工序 11

⑨工序 12：加工位于第 3、4 象限角度为 3°的斜面，如图 8-10 所示。

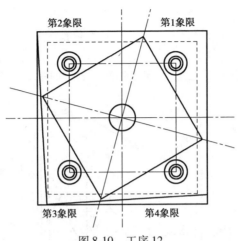

图 8-10　工序 12

⑩工序 13：加工圆面，如图 8-11 所示。

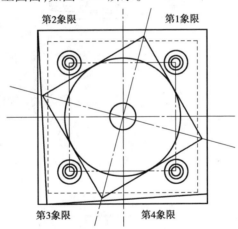

图 8-11　工序 13

上述加工工序将精加工试件分为 4 个象限分别进行加工而成，由于各象限加工的时间不同，热误差在各个象限的体现程度不同。各象限加工部分的最终尺寸的差异能够反映热误差变化程度。

8.2.3　精加工试件热误差检验方法

机床热误差造成精加工试件不同象限的尺寸具有差异，因此，只需要对精加工试件进行检验，即可体现机床的热误差，具体的检验方法如下所述。

（1）X 向热误差检验。

如图 8-12 所示,位于第 1、4 象限和第 2、3 象限的四角孔,理想情况下其中心位置的 X 向坐标应该是相同的,但因为热误差在各个象限的程度不同,实际上的中心位置 X 向坐标存在差异。因此,通过测量位于第 1、4 象限和第 2、3 象限的四角孔的中心位置 X 向坐标差,可以反映 X 向热误差的大小。

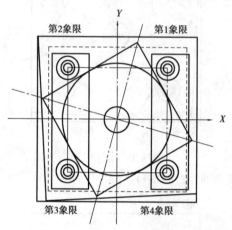

图 8-12 X 向热误差检验

（2）Y 向热误差检验。

如图 8-13 所示,位于第 1、2 象限和第 3、4 象限的四角孔,理想情况下其中心位置的 Y 向坐标应该是相同的,但因为热误差在各个象限的程度不同,实际上的中心位置 Y 向坐标存在差异。因此,通过测量位于第 1、2 象限和第 3、4 象限的四角孔的中心位置 Y 向坐标差,可以反映 Y 向热误差的大小。

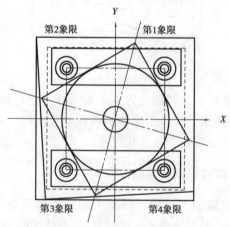

图 8-13 Y 向热误差检验

（3）X,Y 向综合热误差检验。

如图 8-14 所示，圆面和中心通孔理想情况下其中心位置应该是重合的，但中心通孔首先进行加工，而圆面在最后加工，因此两个部分的热误差不同，导致其中心位置的 X、Y 向坐标有差异。因此，通过测量圆面和中心通孔的中心位置 X,Y 向坐标差，也能综合反映 X,Y 向热误差。

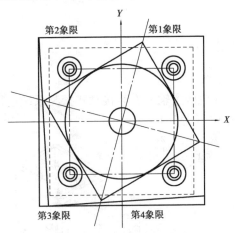

图 8-14　X,Y 向综合热误差检验

（4）Z 向热误差检验。

如图 8-15 所示，外正方形位于第 1、4 象限的面。理想情况下，高度应该是相同的，但因为热误差在各个象限的程度不同，实际上加工面的 Z 向高度存在差异。因此，通过测量外正方形位于第 1、4 象限面的高度差，可以反映 Z 向热误差的大小。

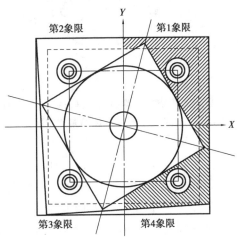

图 8-15　Z 向热误差检验

上述检验均可通过三坐标实现,可将加工后的精加工试件送至当地具有检验能力的机构进行检验即可评估机床热误差。

8.3 精密数控机床工作台多点热误差的测定

8.3.1 测定装置

(1)接触式探测系统

如图8-16所示,在机床主轴上安装接触式探测系统进行坐标测定。接触式探测系统的分辨率应不大于 1 μm。

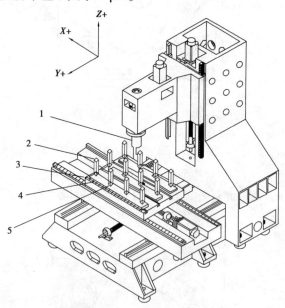

1.接触式探测系统;2.实物标准器;3.定位板;4.磁片;5.螺栓和螺母

图8-16 机床工作台多点热误差测定装置图

(2)实物标准器

实物标准器的结构:实物标准器由一个长方体、两个圆柱体以及底部一个用来安装的螺柱螺母组成,推荐用45号钢材料,其结构及推荐尺寸如图8-17所示,或经由供应商/制造商和用户双方协商规定,所选尺寸需满足热误差测定的要求。实物标准器上有 X1、X2、Y1、Y2 以及 Z 5 个测点,测点的位置应遵守 GB/T 17421.3 的规定,每次测定时均需依次对实物标准器上这 5 个测点进行坐标测定。

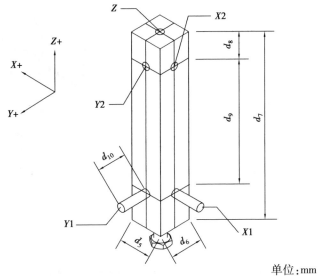

单位:mm

d_5	d_6	d_7	d_8	d_9	d_{10}
30	30	150	40	70	35

图 8-17　实物标准器图

机床工作台多点热误差的测定至少需用 9 个实物标准器,并应满足工作台长度及行程的要求,实物标准器个数的选择见表 8-1。

表 8-1　实物标准器个数的选择表

工作台 X 向行程	<800 mm	800～1 200 mm	>1 200 mm
实物标准器个数	9	12	15

实物标准器在机床工作台上均匀放置,以 9 个实物标准器为例,放置位置如图 8-18 所示,图中箭头方向表示测定各实物标准器热误差的顺序,将各实物标准器依次标为 I_1、I_2、…、I_9。每个实物标准器的上端面即 Z 向面需与数控机床坐标系的 Z 轴轴向垂直,两侧面即 X 向面与 Y 向面分别与 X 轴轴向、Y 轴轴向垂直。各实物标准器间 X 向间距为 d_2,Y 向间距为 $d_3 + d_4$。

(3)定位板

用于安装实物标准器的定位板如图 8-18 所示,推荐用 45 号钢材料。定位板的尺寸及实物标准器的放置间距见表 8-2。

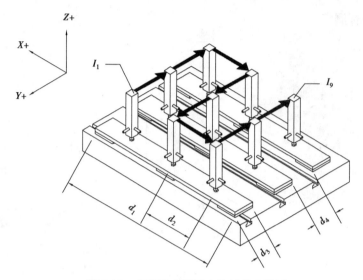

图 8-18　实物标准器及定位板的安装图

表 8-2　定位板尺寸及实物标准器放置间距表　　单位:mm

实物标准器个数	d_1	d_2	d_3	d_4
9	550	200	60	50
12	750	200	60	50
15	950	200	60	50

8.3.2　机床工作台多点热误差的测定

(1)测定装置的定位和固定

机床工作台多点热误差测定前测定装置的安装如图 8-16 所示,实物标准器的固定和定位应保证在机床行程范围内,且不影响机床的空运转过程。

(2)夹具

用来固定定位板的夹具,宜采用 45 号钢材料,并符合 GB/T 17421.1—1998 的规定,或经由供应商/制造商和用户双方协商规定。

(3)机床运行参数

主轴转速宜为 4 000 ~ 6 000 r/min。

进给速度宜为 4 00 ~ 600 mm/min。

(4)测定步骤

①机床空运转前,用接触式探测系统依次对各实物标准器上 5 个测点进行测量,测定参数如表 8-3 所示,实物标准器的测定顺序如图 8-18 所示,记录

测量的初始坐标值 $Z_{i,0}$、$X1_{i,0}$、$X2_{i,0}$、$Y1_{i,0}$ 和 $Y2_{i,0}$。

表 8-3 测定参数

序号	测定参数	测定工具	测定目的
1	所有实物标准器上 $X1$ 点的 X 向坐标值	接触式探测系统	测定各实物标准器的 X 向热误差
2	所有实物标准器上 $X1$ 点的 X 向坐标值	接触式探测系统	测定各实物标准器的 X 向热误差
3	所有实物标准器上 $Y1$ 点的 Y 向坐标值	接触式探测系统	测定各实物标准器的 Y 向热误差
4	所有实物标准器上 $Y2$ 点的 Y 向坐标值	接触式探测系统	测定各实物标准器的 Y 向热误差
5	所有实物标准器上 Z 点的 Z 向坐标值	接触式探测系统	测定各实物标准器的 Z 向热误差
6	所有实物标准器上 $Y1$ 点和 $Y2$ 点的 Y 向坐标值	接触式探测系统	测定各实物标准器的绕 X 轴倾斜角度热误差
7	所有实物标准器上 $X1$ 点和 $X2$ 点的 X 向坐标值	接触式探测系统	测定各实物标准器的绕 Y 轴倾斜角度热误差

②升高主轴离开实物标准器放置空间,机床按照给定运行参数空运转 3 min,并保证工作台在 X 向和 Y 向有相同速度和时长的进给。

③机床停止空转,用接触式探测系统依次对各实物标准器上 5 个测点进行测量,记录测量的坐标值 $Z_{i,k}$、$X1_{i,k}$、$X2_{i,k}$、$Y1_{i,k}$ 和 $Y2_{i,k}$。

④重复步骤②和③,直到连续 10 次实物标准器上 5 点的测量值变动都不超过 1 μm,结束测定;或者满足用户和供应商/制造商同意的其他条件,也可以结束测定。

8.3.3 机床工作台多点热误差的测定结果

根据记录的实验数据,宜按照图 8-19 的形式,表达各实物标准器测点的热误差变化过程。应随测定结果提供下列信息:

①测定日期。

②机床的型号、编号及 X、Y、Z 三向行程。

③接触式探测系统的型号及精度。

④采用实物标准器的个数及尺寸。

⑤定位板的尺寸。

⑥测定时的主轴转速。

⑦测定时的进给速度。

⑧主轴每次空转时间。

⑨机床工作台热误差:

机床 X 向最大热误差点及热误差值;

机床 X 向最小热误差点及热误差值;

机床 Y 向最大热误差点及热误差值;

机床 Y 向最小热误差点及热误差值;

机床 Z 向最大热误差点及热误差值;

机床 Z 向最小热误差点及热误差值;

机床绕 X 轴最大倾斜角度热误点及热误差值;

机床绕 X 轴最小倾斜角度热误点及热误差值;

机床绕 Y 轴最大倾斜角度热误点及热误差值;

机床绕 Y 轴最小倾斜角度热误点及热误差值。

对精密数控机床工作台多点热误差的测定,推荐每隔半年测定一次机床的性能。

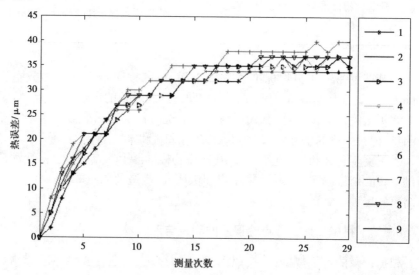

图 8-19　各实物标准器 Z 测点的热误差变化曲线

8.4　精密数控机床实切状态下热误差的测定

8.4.1　测定装置

（1）热误差测定实切加工试件

实切加工试件尺寸推荐采用 200 mm × 200 mm × 30 mm 的矩形体，或经由供应商/制造商和用户双方协商规定。实切加工试件材料宜采用 45 号钢。实切加工试件高度应保证实切加工试件能够稳定安装。实切加工试件加工前的定位和固定应保证不影响实切加工过程和热误差检测过程。实切试件应进行预加工。如果实切加工试件可被重复使用，当实切加工试件再次使用时，或在进行新的切削试验前，应进行一次薄膜切削。

（2）热误差测定实物标准器

实切热误差测定实物标准器推荐尺寸如图 8-20 所示。实切热误差测定实物标准器材料宜采用 45 号钢。实切热误差测定实物标准器高度应保证实切热误差测定实物标准器能稳定安装。实切热误差测定实物标准器的定位和固定应保证不影响热误差检测过程。

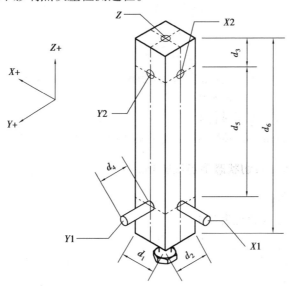

单位：mm

d_1	d_2	d_3	d_4	d_5	d_6
30	30	30	35	70	150

图 8-20　机床实切热误差测定实物标准器

（3）热误差测定装置

机床实切热误差测定装置结构如图 8-21 所示。

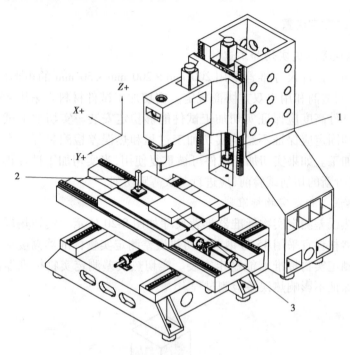

1.接触式探测系统;2.实物标准器 3.实切加工试件

图 8-21　机床实切热误差测定装置

用来夹紧实切加工试件和实物标准器的夹具,宜采用 45 号钢。刀具宜使用直径为 12 mm 的同一把立铣刀完成实切加工试件的整个切削过程。

8.4.2　机床实切状态下热误差测定

（1）切削参数

推荐的切削参数见表 8-4。

表 8-4　推荐的切削参数

主轴转速	500 ~ 1 500 r/min
进给速度	600 ~ 800 mm/min
切削深度	50 ~ 150 μm

注:切削参数可根据供方/制造厂与用户之间的协议,采用不同的切削参数进行检验;切削参数在选定之后,在整个热误差测定过程中保持不变。

（2）测定步骤

①机床装上接触式探测系统对实物标准器上如图 8-20 所示的 5 个测量点进行测量,记录 5 点的测量初值。

②机床通过自动换刀装置换上铣刀对实切加工试件上表面沿 X 轴向和 Y 轴向以选定参数进行相同时长的铣削,铣削时间总时长不少于 3 min。

③主轴停转,通过自动换刀装置换上接触式探测系统。

④主轴左移至实物标准器,对实物标准器上如图 8-20 所示的 5 个测量点进行测量,记录测量值。

⑤一次测量完毕后,主轴右移至实切加工试件。

⑥重复② — ⑥,直到连续 10 次实物标准器上 5 点的测量值变动都不超过 1 μm,结束测定;或者满足用户和供应商/制造商同意的其他条件,也可以结束测定。

8.4.3　机床实切状态下热误差测定结果

测定结果除包含测定参数的记录值以外,还应提供下列信息:

①试件的材料和标志;

②刀具的材料和尺寸;

③切削速度;

④进给量;

⑤切削深度;

⑥主轴转速;

⑦环境温度。

宜按照图 8-22、表 8-5 形式表达测定结果。

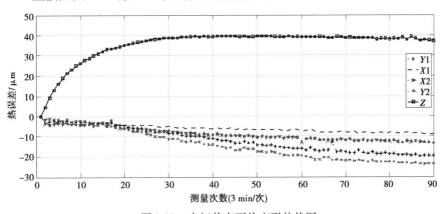

图 8-22　实切状态下热变形趋势图

表 8-5　机床工作台实切状态下热误差的测定结果

检验内容	$\Delta X1$：评估实切状态下机床主轴 X 轴方向热误差	$\Delta X2$：评估实切状态下机床主轴 X 轴方向热误差	$\Delta Y1$：评估实切状态下机床主轴 Y 轴方向热误差	$\Delta Y2$：评估实切状态下机床主轴 Y 轴方向热误差	ΔZ：评估实切状态下机床主轴 Z 轴方向热误差	∂X：评估实切状态下机床主轴 X 轴由热误差造成的角度变形	∂Y：评估实切状态下机床主轴 Y 轴由热误差造成的角度变形
记录							

对机床工作台实切状态下热误差的测定,推荐每隔半年测定一次机床的性能。

8.5　小　结

考虑到国际标准《机床检验通则(ISO 230-3:2007 IDT)第三部分:热效应的确定》中"五点测量法"对于实切状态下以及全工作台范围热误差检测的空白,本章提出了 4 种新的热误差检验方法,规定了数控加工中心的环境温度变化、主轴旋转和线性轴移动的 3 种热变形的检验和评定方法和通过实际加工工件的精度来评价机床热误差的方法,以及适用于测定行程小于 2 000 mm 立式三轴精密数控机床在空运转条件下,工作台上的多点热误差和实切状态下的热误差的方法,以供研究人员和工程技术人员使用参考。

9

热误差补偿技术的工程应用

热误差补偿技术除了在精密数控机床中具有重要应用外,在石油、航空航天和军事雷达等众多需要实现精密控制的领域均具有重大工程应用价值。本章以热误差补偿技术在有源相控阵雷达中的应用为例,介绍其在实际工程中的应用。

9.1 有源相控阵雷达发展概况

在 20 世纪 30 年代后期出现了雷达相控阵技术,在 20 世纪 60 年代美国和苏联相继研制出多部相控阵雷达。随着计算机技术和信息技术的飞速发展,如今相控阵雷达已成为雷达中不可缺少的一种类型。相控阵雷达分为有源相控阵和无源相控阵,二者的主要区别在于无源相控阵仅有一个中央发射机和中央接收机,而有源相控阵的每个辐射器均配装有一个发射/接收(Transmit/Receive,T/R)组件。正因如此,有源相控阵雷达具有诸多优势:较高的信噪比和辐射功率,较强的抗干扰能力和可靠性等;其不足是成本较高,系统较为复杂。目前陆基、海基和空基等均越来越多的领域使用有源相控阵雷达,图 9-1 中为一部机载有源相控阵雷达实物图。

有源相控阵雷达中起基础支撑作用的主骨架是雷达阵面,阵列单元和T/R组件按照一定的分布方式安装在阵面上,此外还有电源模块、控制模块和冷却装置等均安装在雷达阵面上。雷达在工作时,内部电子元器件热功耗会造成阵面局部热流密度升高,不仅影响电子元器件自身性能和可靠性,也会造成阵面发生明显热变形,最终将导致雷达整体性能下降,如主瓣增益损失、副瓣电平升高或指向角度变化等。此外,在实际工况下环境温度的变化也会造成雷达阵面热变形进而影响雷达电性能。

图9-1　机载有源相控阵雷达

目前,主要有两种方法(温控措施和性能补偿)解决雷达阵面热变形问题。温度控制措施如水冷系统能够有效减轻雷达阵面的热变形,但成本较高且会额外增加雷达的复杂程度。性能补偿方法又分为机械补偿法和电子补偿法。通常情况下,使用不同的补偿方法相互配合较某一种单一方法具有更好的补偿效果。在雷达实际工况中,实时、准确的测量雷达阵面热变形是较难实现的,尤其在机动性较强的情况下,如机载有源相控阵雷达。但目前大部分的补偿方法中,阵面的热变形均需要通过传感器实际测量得到,这大大提高了补偿的难度,限制了阵面热变形补偿技术的推广与应用。因此如何实时、准确获取雷达阵面热变形是有源相控阵雷达阵面热变形补偿研究中的一个急需解决的问题。

9.2　基于热误差补偿技术的雷达阵面热变形补偿

针对上一小节中有源相控阵雷达阵面热变形补偿研究中存在的问题,本章借鉴数控机床热误差补偿技术的思路:雷达阵面热变形较难实时测量得到,但可以通过实时测量阵面温度信息,进而根据二者之间的模型关系获取阵面实时热变形情况。阵面温度信息通过嵌入温度传感器实时测量,易于实现且成本低。雷达阵面热变形与温度之间的模型关系则根据前面章节介绍的稳健性建模算法获得。因此,本章通过对达阵面热变形规律进行研究,提出了一种可以实现实时补偿的雷达阵面热变形补偿技术。其工作基本原理如图9-2所示。

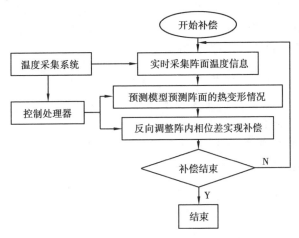

图9-2 雷达阵面热变形补偿技术基本原理

这种雷达阵面热变形补偿技术首先通过温度采集系统实时获取雷达阵面温度信息,进而热变形预测模型根据阵面温度信息预测出阵面的热变形情况,然后根据热变形结果计算并调整阵内相位差,从而补偿热变形对雷达电性能的影响。其中雷达阵面热变形预测模型是根据前面章节介绍的稳健性建模算法得到的,能够在外部环境温度变化较大情况下仍然保持高精度预测。该预测模型需要提前通过实验研究获取并嵌入到控制处理器中。下面介绍根据热变形结果计算需要调整的阵内相位差的基本原理。

如图9-3所示,为一在 XOY 平面中阵列的有源相控阵雷达简化模型,共有 M 行 N 列个阵列单元(T/R 组件)。对于任一观察点 P,其方位角为 φ,仰角为 θ,方向为 r_0 方向(相对于坐标原点的阵列单元)。同时,设 OP 与 X, Y, Z 轴夹角分别为 $\alpha_X, \alpha_Y, \alpha_Z = \theta$。

由于主要分析有源相控阵雷达阵面热变形造成的阵列单元阵列空间位置误差,故不考虑单个阵列单元方向图的影响,进而可得雷达的阵因

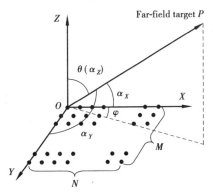

图9-3 相控阵雷达阵列简化模型

子方向图函数如式(9-1)所示：

$$f(\varphi,\theta) = \sum_{m=1}^{M} \sum_{n=1}^{N} e^{j(\beta_{m,n}+\varphi_{m,n})} \tag{9-1}$$

在式(9-1)中，$\beta_{m,n}$ 和 $\varphi_{m,n}$ 分别为位于 (m,n) 位置处阵列单元的阵内相位差和空间相位差。其中阵内相位差取决于阵内的移相器，空间相位差取决于各阵列单元的空间位置，根据机电耦合模型，可得

$$\varphi_{m,n} = \frac{2\pi}{\lambda}\big[\sin\theta\cdot(x_{m,n}\cos\varphi + y_{m,n}\sin\varphi) + z_{m,n}\cos\theta\big] \tag{9-2}$$

据此可知，当热变形造成阵列空间位置的变动后，会引起空间相位差的变化，进而导致阵因子方向图出现误差。

但是，在热变形后，如果能够准确获得每阵列的空间位置变化量，记为 $\Delta x_{m,n}, \Delta y_{m,n}, \Delta z_{m,n}$。则根据式(9-2)可计算出阵面变形后的各阵列单元的空间相位差为

$$\begin{aligned}
\varphi_{m,n} + \Delta\varphi_{m,n} = \\
\frac{2\pi}{\lambda}\{\sin\theta\cdot\big[(x_{m,n}+\Delta x_{m,n})\cos\varphi + (y_{m,n}+\Delta y_{m,n})\sin\varphi\big] + \\
(z_{m,n}+\Delta z_{m,n})\cos\theta\}
\end{aligned} \tag{9-3}$$

根据式(9-3)与式(9-2)相减则可以计算出每个阵列空间相位差的变化量，如式(9-4)所示：

$$\Delta\varphi_{m,n} = \frac{2\pi}{\lambda}\big[\sin\theta\cdot(\Delta x_{m,n}\cos\varphi + \Delta y_{m,n}\sin\varphi) + \Delta z_{m,n}\cos\theta\big] \tag{9-4}$$

进而，反向调整阵内相位差，即将阵内相位差的调整量设置为

$$\Delta\beta_{m,n} = -\Delta\varphi_{m,n} \tag{9-5}$$

即可抵消空间相位差变化导致的阵因子方向图误差。因此，只要能准确提取雷达阵面的热变形信息，便可通过调整阵内相位差实现阵面热变形补偿。

9.3　实验探究过程

本研究团队进行了一系列研究工作，得到了雷达阵面热变形预测模型。下面分别介绍实验探究过程，包括实验装置、实验方案及后期的实验数据处理。

9.3.1　雷达模型介绍

目前主要针对雷达阵面热变形进行研究，根据雷达内部器件热功耗原

理,设计了一台可以模拟雷达在不同工作状态下发热情况的实验模型。该模型装配图如图9-4所示,主要结构包括阵面、T/R组件、支撑柱和测量立柱四部分。支撑柱用于装夹固定雷达实验模型,测量立柱用于测量阵面不同位置处的热变形量。由于此次试验是为了研究雷达阵面的热变形特性,所以在T/R组件内部仅安置一个电阻发热片,其内部结构如图9-5所示。通过调整发热片电压改变其发热情况,来模拟雷达在不同工作情况下T/R组件的热功耗。

1.测量立柱;2.阵面;3.T/R组件;4.支撑柱

图9-4　APAA热变形测试实验样机

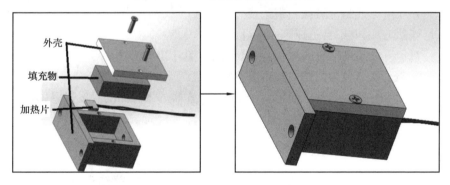

图9-5　T/R组件结构示意图

9.3.2　实验测量装置

为了便于对雷达阵面热变形进行测量,同时保证较高的测量精度,本章拟使用高精度三坐标测量机测量阵面热变形。但雷达模型自身作为一个热源,会对三坐标测量机的测量精度产生影响。因此本章使用一台具有热变形自补偿功能的三坐标测量机测量雷达阵面热变形。该三坐标测量机基于实验室 Leaderway V450 型号三轴立式数控加工中心,配合使用哈尔滨先锋机电在线检测系统实现三坐标测量功能。同时,将前面章节介绍的热误差补偿技术应用到了该机床上,经过热误差补偿后,其测量精度达到 1 μm 左右。雷达阵面热变形测量实验现场如图9-6所示。

实现热误差
自补偿的数
控加工中心

在线检测系统

雷达模型

图9-6　雷达热变形测量实验现场

测量时,使用夹具固定支撑柱,从而将雷达模型固定在工作台上。这种装夹方式可保证测量过程中雷达模型不会发生移动,且装夹力不直接作用在雷达阵面上,因此不会造成阵面的翘曲。

对于阵面温度信息的测量,本著作选用 DS18B20 型号接触式数字温度传感器。为了获取较为完整的整个阵面的温度信息,温度传感器需要均匀分布在阵面各个位置。本章共使用 20 个温度传感器测量阵面的温度信息,其分布如图9-4所示,各传感器对应编号均已标注。

9.3.3　实验方案介绍

为了以最少的实验量获取尽可能多的实验信息,本著作使用田口实验法设计实验方案。田口实验法是由日本的田口玄一博士开创的一种品质工程方法,是一种稳健设计的实验方法。图9-4中雷达模型的 T/R 组件可以分为5行,将每一行视为一个温度分布条件的影响因素,将每一行的开启和关闭视为影响因素的两个水平。据此制订正交实验,实验安排见表9-1。

表9-1 阵面热变形测量实验正交表

实　验	各行 T/R 组件开启情况（1 代表开，0 代表关）					
	1 行	2 行	3 行	4 行	5 行	6 行
E1	1	1	1	1	1	1
E2	1	1	1	0	0	0
E3	1	0	0	1	1	0
E4	1	0	0	0	0	1
E5	0	1	0	1	0	1
E6	0	1	0	0	1	0
E7	0	0	1	1	0	0
E8	0	0	1	0	1	1

　　每批次实验中，对于开启的各行 T/R 组件，可通过依次调节加热电压至"5 V"，"11 V"和"20 V"三挡来升高加热温度（初始电压为 0 V，初始温度为室温），对雷达模型进行加热。每提高一次加热电压，持续加热 1.5 h，待雷达模型温度场稳定后，测量一次坐标值和温度值。

9.3.4　实验数据处理

　　下面以 E1～E4 批次实验为例，根据实验测量结果分别得到各批次实验的阵面温度变化情况和 X、Y、Z 3 个方向的热变形情况，分别如图9-7、图9-8和图9-9所示。

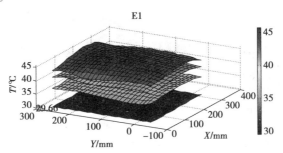

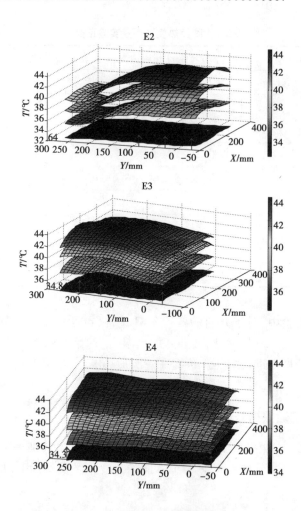

图 9-7　E1～E4 批次实验温度变化曲面

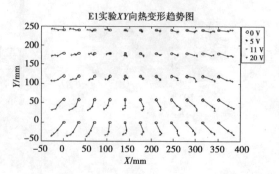

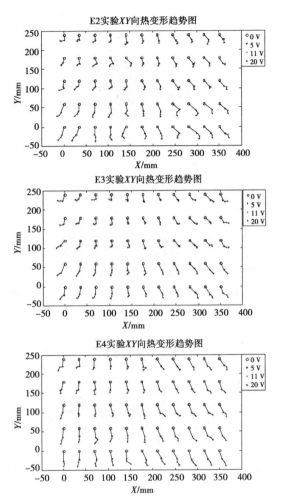

图 9-8　E1～E4 批次实验 X、Y 向热变形变化趋势图

注:由于热变形量相对于阵面尺寸较小,图中热变形结果放大了 1 000 倍以便于观察

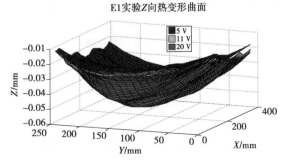

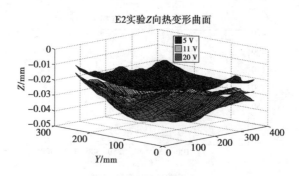

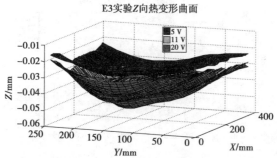

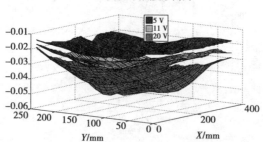

图 9-9　E1~E4 批次实验 Z 向热变形曲面图

对各批次实验的温度信息和阵面热变形结果进行整理统计,结果统计见表 9-2。

表 9-2　各批次实验测量结果统计

实验 \ 统计量	温度情况/℃			最大热变形量/μm		
	初始温度	最高温度	最大温升	X 向	Y 向	Z 向
E1	29.66	45.55	15.89	61	33	44
E2	32.64	44.50	11.86	28	11	35

统计量\实验	温度情况/℃			最大热变形量/μm		
	初始温度	最高温度	最大温升	X 向	Y 向	Z 向
E3	34.84	44.69	9.85	33	14	35
E4	34.37	44.12	9.75	24	9	37
E5	33.88	41.37	7.49	27	8	25
E6	30.31	38.25	7.94	32	16	35
E7	33.88	41.13	7.25	27	10	25
E8	33.81	44.50	10.69	34	13	29

9.4　雷达阵面热变形补偿效果

基于前面章节的建模算法和以上各批次实验数据可建立雷达阵面热变形关于温度的预测模型。下面介绍建模过程,进而分析模型的预测结果及预测结果对雷达电性能的补偿效果。

9.4.1　热变形预测模型的建立

雷达阵面上热源分布复杂多变,合理选择关键位置处的温度传感器用于建模,对保证模型的准确性至关重要。本章仍将选择出的关键位置的温度传感器变量称为温度敏感点。对于温度敏感点选择,由于雷达阵面上各热源在热传导过程中存在相互耦合的现象,所以各位置处的温度变化有很强的共线性,会引起预测精度随着工况环境变化迅速下降,所以需要尽可能地选择共线性较小的温度测点作为温度敏感点;同时,不同位置处的热源对阵面热变形影响程度不同,选择对热变形影响程度较高的温度测点作为温度敏感点对提升模型预测精度十分必要。因此本章选用模糊聚类结合灰色关联度算法用于筛选温度敏感点,并使用多元线性回归算法用于建模。

综合 K1～K8 批次热变形和温度测量数据,对每个立柱所在位置筛选 2 个温度敏感点以建立热变形预测模型。以阵面中心处 13 号立柱所在位置的 Z 向热变形为例,其温度敏感点选择的实现过程如下:

①构造模糊相似矩阵:

$$R = \begin{bmatrix} 1.000 & 0.997 & \cdots & 0.850 \\ 0.997 & 1.000 & \cdots & 0.848 \\ \cdots & \cdots & \cdots & \cdots \\ 0.850 & 0.848 & \cdots & 1 \end{bmatrix} \tag{9-6}$$

②建立模糊等价矩阵：

$$t(R) = \begin{bmatrix} 1.000 & 0.997 & \cdots & 0.908 \\ 0.997 & 1.000 & \cdots & 0.908 \\ \cdots & \cdots & \cdots & \cdots \\ 0.908 & 0.908 & \cdots & 1 \end{bmatrix} \tag{9-7}$$

③从模糊等价矩阵中提取 $\lambda = 0.972$ 将温度变量分为两类：

$$\begin{cases} \text{Class 1}:1,2,3,4,5,6,7,8,9,10,11,12,13,14,15,16,17,18,19,20 \\ \text{Class 2}:21 \end{cases}$$

$$\tag{9-8}$$

④分别计算 20 个温度传感器与热变形量之间的灰色关联度,并对以上 2 个分类结果进行排序如下：

$$\begin{cases} \text{Class 1}:9,12,8,1,5,2,6,13,15,4,11,16,3,10,20,18,17,19,7,14 \\ \text{Class 2}:21 \end{cases}$$

$$\tag{9-9}$$

进而从两类中选择两个灰色关联度最大的传感器变量作为最终的温度敏感点,即 9 号和 21 号传感器变量。

由此实现对该热变形测点温度敏感点的选择,同理可用于其他热变形测量的温度敏感点选择,该计算过程可通过软件编程实现。根据温度敏感点选择结果,即可根据最小二乘算法得到阵面上该位置的 Z 向热变形关于温度变量 9 和 21 的二元一次预测模型,如下所示：

$$\hat{Y}_{13} = -1.369\,0 - 2.932\,2T_9 - 1.414\,9T_{21} \tag{9-10}$$

同理可建立阵面所有测立柱所在位置 3 个方向的热变形预测模型。以 Z 向热变形为例,各立柱所在位置的热变形建模结果见表 9-3。表中温度敏感点选择结果的序号对应图 9-2 中的序号,21 号为环境温度传感器。

表 9-3　阵面 Z 向热变形建模结果

立　柱	温度敏感点	模型系数			$\mathrm{Max}e_r/\mu\mathrm{m}$
		a_0	a_1	a_2	
1	[13,21]	-1.286	-1.256	-2.791	5.05

续表

立　柱	温度敏感点	模型系数			Maxe_r/μm
		a_0	a_1	a_2	
2	[9,21]	−1.049	−0.939	−2.716	5.38
	......				
54	[9,21]	−1.400	−1.321	−3.754	6.03
55	[13,21]	−1.670	−1.748	−3.594	6.10

表中最大残差 Maxe_r 的计算方法如下：

$$\text{Max}e_r = \max(\Delta Y_r) = \max(Y_r - \hat{Y}_r) \qquad (9\text{-}11)$$

其中 Y_r,$\hat{Y}_r$ 和 ΔY_r 分别为第 r 个热变形测点的测量值、预测值和残差。显然,残差越小,说明热变形的预测值越接近测量值,预测效果越好。

根据建模结果发现,阵面不同位置处的热变形预测模型所选的温度敏感点存在一定差异。根据统计,在所有立柱各方向热变形预测模型中,作为温度敏感点出现频率最高的温度传感器变量共 9 个,分别为 1,13,12,8,7,16,1,11 和 21。这意味着在实际应用中为了实现较好的阵面热变形补偿效果,这几处位置的温度信息必须要实时监测。

9.4.2　热变形补偿效果分析

为了检验模型的预测效果,另做 8 批次同 K1～K8 批次实验参数完全相同的热变形测量实验,分别记为 K9～K16 批次。将 K9～K16 批次实验测得的温度数据,带入热变形预测模型中,获得热变形预测数据,对预测结果进行整理见表 9-4。

表 9-4　热变形量模型预测结果　　　　　单位:μm

方　向	预测标准差	最大残差	残差范围	热变形范围	预测精度
X 向	3.75	6.57	−5.44～6.57	−26.71～33.92	80.2%
Y 向	7.21	6.71	−12.47～6.71	−38.09～−0.77	50.6%
Z 向	6.00	6.13	−9.60～6.13	−56.00～−2.00	70.9%

由上表中预测结果可知,预测模型对 X、Y、Z 3 个方向热变形的预测精度分别达到 80.2%,50.6% 和 70.9%,由此说明热变形预测模型具有良好的预

测效果。

根据 K9 ~ K16 批次热变形测量数据和预测结果,对雷达模型电性能的补偿效果进行了仿真。仿真时雷达的工作频段为 26 GHz,并假设所有阵元的阵内相位差为 0。根据仿真结果可以得到雷达主瓣增益损失、副瓣电平误差和指向角度误差,电性能仿真结果见表 9-5。

表 9-5 电性能仿真结果

实 验	增益损失/10^{-3} dB		副瓣电平升高/10^{-3} dB		指向角度误差/10^{-3}°	
	补偿前	补偿后	补偿前	补偿后	补偿前	补偿后
K9	4.32	0.07	3.56	0.09	8.67	1.65
K10	1.61	0.03	0.92	0.09	6.86	0.64
K11	1.83	0.04	1.04	0.06	9.21	0.10
K12	1.66	0.07	0.82	0.13	10.25	2.04
K13	0.86	0.11	0.64	0.10	1.24	4.91
K14	2.11	0.24	1.17	0.12	10.72	3.83
K15	2.58	0.05	1.84	0.08	8.25	0.73
K16	1.26	0.09	0.73	0.12	5.75	1.44
Mean	2.03	0.09	1.34	0.10	7.62	1.92
P	95.7%		92.7%		74.8%	

在表 9-5 中,“补偿前”和“补偿后”分别指根据阵面测量的热变形和预测残差得到的仿真结果。根据预测残差仿真得到的雷达电性能结果相对于根据原始热变形得到的结果,精度提升百分比使用“P”表示。从表 9-5 中可知,主瓣增益损失、副瓣电平误差和指向角度误差分别减小了 95.7%、92.7% 和 74.8%,表明经过热变形补偿后雷达电性能得到显著提升。

本章中雷达阵面尺寸较小,阵面温升最大约 15 ℃,因此阵面热变形对雷达电性能的影响不明显。而在实际应用中,雷达阵面具有更大的尺寸或由多个子阵面组成一个大阵面,且雷达服役环境温度变化更剧烈,阵面温升更大。雷达阵面会产生更大的热变形,进而造成电性能的明显下降。在实际情况中,本章所提的雷达阵面热变形补偿技术在实际应用中的前景更加明显。

9.5 小 结

本章内容包括通过对数控机床进行了改进,运用了其运动和数控功能,经过热误差补偿后提高了机床精度,实现对雷达阵面热特性的测量和分析,介绍了一种数控机床热误差补偿技术在工程中的具体应用例子,为研究人员和工程技术人员扩展该技术在工程中的应用提供参考。

参考文献

[1] Kagermann H, Wahlster W, Helbig J. Securing the future of German manufacturing industry[J]. Recommendations for implementing the strategic initiative INDUSTRIE, 2013, 4(199): 14.

[2] 中共中央编写组. 中华人民共和国国民经济和社会发展第十三个五年规划纲要[M]. 北京:人民出版社,2016.

[3] Jun Ni. CNC Machine Accuracy Enhancement Through Real-Time Error Compensation[J]. Journal of manufacturing science and engineering: Transactions of the ASME, 1997, 119(4B):717-725.

[4] Ramesh R, Mannan M A, Poo A N. Error compensation in machine tools - a review - Part I: geometric, cutting-force induced and fixture-dependent errors [J]. International Journal of Machine Tools & Manufacture, 2000, 40(09): 1235-1256.

[5] Bryan J B. International Status of Thermal Error Research[J/OL]. CIRP Annals,1990, 39(02):645-656. doi:https://doi. org/10. 1016/S0007-8506 (07)63001-7

[6] 苗恩铭. 精密零件热膨胀及材料精确热膨胀系数研究[D]. 合肥:合肥工业大学,2004.

[7] Camera A, Favareto M, Militano L, et al. Analysis of the Thermal Behavior of a Machine Tool Table Using the Finite Element Method[J]. Annals of the CIRP, 1976, 25(01): 297.

[8] Spur G, Hoffmann E, Paluncic Z, et al. Thermal Behaviour Optimization of Machine Tools[J]. CIRP Annals - Manufacturing Technology, 1988, 37(01):

401-405.

［9］Mayr J, Jedrzejewski J, Uhlmann E, et al. Thermal issues in machine tools ［J］. CIRP Annals - Manufacturing Technology,2012,61(2):771-791.

［10］Hay W A, Box G E P. A Statistical Design for the Efficient Removal of Trends Occurring in a Comparative Experiment with an Application in Biological Assay［J］. Biometrics, 1953, 9(03):304-319.

［11］Jen E. Definitions of robustness ［J］. Santa Fe Institute Robustness Site, 2001.

［12］何振亚. 五轴数控机床几何与热致空间误差检测辨识及模型研究［D］. 杭州:浙江大学,2014.

［13］刘焕牢. 数控机床几何误差测量及误差补偿技术的研究［D］. 武汉:华中科技大学,2005.

［14］Ibaraki S, Knapp W. Indirect measurement of volumetric accuracy for three-axis and five-axis machine tools:a review［J］. International Journal of Automation Technology, 2012, 6(02):110-124.

［15］Test code for machine tools-part 1: Geometric accuracy of machines operating under no-load or quasi-static conditions: ISO 230-1:2012［S/OL］, 2012.

［16］Kakino Y, Ihara Y, Nakatsu Y, et al. The Measurement of Mötion Errors of NC Machine Tools and Diagnosis of their Origins by Using Telescoping Magnetic Ball Bar Method［J］. CIRP Annals-Manufacturing Technology, 1987, 36(1):377-380.

［17］刘焕牢,师汉民,李斌, 等. 二维球杆仪测量装置的研制［J］. 工具技术, 2005,39(2):57-59.

［18］Wang H, Fan K C. Identification of strut and assembly errors of a 3-PRS serial-parallel machine tool［J］. International Journal of Machine Tools & Manufacture, 2004, 44(11):1171-1178.

［19］Mize C D, Ziegert J C. Durability evaluation of software error correction on a machining center［J］. International Journal of Machine Tools & Manufacture, 2000, 40(10):1527-1534.

［20］Zhang Z, Hu H. A general strategy for geometric error identification of multi-axis machine tools based on point measurement［J］. The International Journal of Advanced Manufacturing Technology,2013,69(5/8):1483-1497.

［21］Zhang Z, Hu H. Three-point method for measuring the geometric error components of linear and rotary axes based on sequential multilateration［J］. Journal of Mechanical Science and Technology,2013,27(09):2801-2811.

[22] Abbaszadeh-Mir Y, Mayer J R R, Cloutier G, et al. Theory and simulation for the identification of the link geometric errors for a five-axis machine tool using a telescoping magnetic ball-bar[J]. International Journal of Production Research, 2002, 40(18):4781-4797.

[23] Tsutsumi M,Saito A. Identification and compensation of systematic deviations particular to 5-axis machining centers[J]. International Journal of Machine Tools & Manufacture,2003,43(08):771-780.

[24] Chen J X,Lin S W,He B W. Geometric error measurement and identification for rotary table of multi-axis machine tool using double ballbar[J]. International Journal of Machine Tools & Manufacture,2014,77:47-55.

[25] 沈金华. 数控机床误差补偿关键技术及其应用[D]. 上海:上海交通大学,2008.

[26] Kiridena V S B, Ferreira P M. Kinematic modeling of quasistatic errors of three-axis machining centers[J]. International Journal of Machine Tools & Manufacture, 1994, 34(01):85-100.

[27] Slamani M, Mayer R, Balazinski M, et al. Dynamic and geometric error assessment of an XYC axis subset on five-axis high-speed machine tools using programmed end point constraint measurements[J]. The International Journal of Advanced Manufacturing Technology,2010,50(9/12):1063-1073.

[28] Jung J H, Choi J P,Lee S J. Machining accuracy enhancement by compensating for volumetric errors of a machine tool and on-machine measurement[J]. Journal of Materials Processing Technology,2006,174(1/3):56-66.

[29] Yao X H, Fu J Z, Xu Y T, et al. Synthetic Error Modeling for NC Machine Tools based on Intelligent Technology[J]. Procedia CIRP, 2013, 10:91-97.

[30] 廖德岗,罗佑新. 灰色系统理论在数控机床误差数据处理中的应用[J]. 机床与液压,2002(03):21-22 +64.

[31] Barakat N A, Elbestawi M A, Spence A D. Kinematic and geometric error compensation of a coordinate measuring machine[J]. International Journal of Machine Tools and Manufacture, 2000, 40(06):833-850.

[32] Kim K, Kim M K. Volumetric accuracy analysis based on generalized geometric error model in multi-axis machine tools[J]. Mechanism & Machine Theory, 1991, 26(02):207-219.

[33] Okafor A C, Ertekin Y M. Derivation of machine tool error models and error compensation procedure for three axes vertical machining center using rigid

body kinematics[J]. International Journal of Machine Tools and Manufacture, 2000, 40(8):1199-1213.

[34] Rahman M, Heikkala J, Lappalainen K. Modeling, measurement and error compensation of multi-axis machine tools. Part I: theory[J]. International Journal of Machine Tools & Manufacture, 2000, 40(10):1535-1546.

[35] Fan J W, Guan J L, Wang W C, et al. A universal modeling method for enhancement the volumetric accuracy of CNC machine tools[J]. Journal of Materials Processing Technology, 2002, 129(1-3):624-628.

[36] Lin Y, Shen Y. Modelling of Five-Axis Machine Tool Metrology Models Using the Matrix Summation Approach[J]. International Journal of Advanced Manufacturing Technology, 2003, 21(04):243-248.

[37] Lamikiz A, López de Lacalle LN, Ocerin O, et al. The Denavit and Hartenberg approach applied to evaluate the consequences in the tool tip position of geometrical errors in five-axis milling centres[J]. International Journal of Advanced Manufacturing Technology, 2008, 37(1-2):122-139.

[38] Khan A W, CHEN W Y. Systematic Geometric Error Modeling for Workspace Volumetric Calibration of a 5-axis Turbine Blade Grinding Machine [J]. Chinese Journal of Aeronautics, 2010, 23(05):604-615.

[39] Zhu S W, Ding G F, Qin S F, et al. Integrated geometric error modeling, identification and compensation of CNC machine tools [J]. International Journal of Machine Tools & Manufacture, 2012, 52(01):24-29.

[40] Chen G D, Liang Y C, Sun Y Z, et al. Volumetric error modeling and sensitivity analysis for designing a five-axis ultra-precision machine tool[J]. International Journal of Advanced Manufacturing Technology, 2013, 68(9-12):2525-2534.

[41] Raksiri C, Parnichkun M. Geometric and force errors compensation in a 3-axis CNC milling machine[J]. International Journal of Machine Tools and Manufacture, 2004, 44(12):1283-1291.

[42] Uddin M S, Ibaraki S, Matsubara A, et al. Prediction and compensation of machining geometric errors of five-axis machining centers with kinematic errors[J]. Precision Engineering, 2009, 33(02):194-201.

[43] Bryan J. International status of thermal error research[J]. CIRP annals, 1990, 39(02): 645-656.

[44] Aronson R B. The war against thermal expansion[J]. Manufacturing Engineering, 1996, 116(06):45.

［45］杨建国,范开国,杜正春. 数控机床误差实时补偿技术［M］.北京:机械工业出版社,2013.

［46］宋利宝.机床误差对加工精度的影响及改善措施［J］.装备制造技术,2011(10):160-162.

［47］Wan M, Lu M S, Zhang W H, et al. A new ternary-mechanism model for the prediction of cutting forces in flat end milling［J］. International Journal of Machine Tools and Manufacture, 2012, 57:34-45.

［48］张根保, 王望良, 许智, 等. 五轴数控滚齿机切削力误差综合运动学建模［J］. 机械设计, 2010(09):10-14.

［49］魏丽霞, 李向丽, 张勇, 等. 基于支持向量机算法的数控机床切削力误差实时补偿［J］. 机械制造与自动化, 2016(05):58-60.

［50］樊皓. 数控机床加工过程综合误差分析［D］. 洛阳:河南科技大学,2012.

［51］史弦立. 数控机床等效切削力综合误差辨识与补偿技术的研究［D］.湛江:广东海洋大学,2015.

［52］王丹,杨林.刀具磨损原理及刀具磨损检测方法［J］.农机使用与维修,2018(11):24-25.

［53］郭松.刀具磨损引起的工件加工误差建模与补偿技术研究［D］.南京:南京航空航天大学,2012.

［54］张志梅,安虎平.数控加工误差补偿的关键技术与补偿技巧［J］.机械制造,2013,51(08):65-67.

［55］Dohner J L,Lauffer J P,Hinnerichs T D,et al. Mitigation of chatter instabilities in milling by active structural control［J］. Journal of Sound and Vibration,2004,269(1)197-211.

［56］Mei C. Active regenerative chatter suppression during boring manufacturing process［J］. Robotics and Computer-Integrated Manufacturing, 2005, 21(02):153-158.

［57］Delio T, Smith S, Tlusty J, et al. Stiffness, stability, and loss of process damping in high speed machining［C］//Precision Engineering, 1990:171-191.

［58］Hongo, Tetsuyuki, Tanabe. Development of ceramics resin concrete for precision machine tool structure(continuation of tool life). Transactions of the Japan Society of Mechanical Engineers, Part C, 1996, 62(593):333-337.

［59］Sims N D. Vibration absorbers for chatter suppression:A new analytical tuning methodology［J］. Journal of Sound and Vibration, 2006, 301(3-5):

592-607.

[60] Takeyama H, Iijima N, Nishiwaki N, et al. Improvement of dynamic rigidity of tool holder by applying high-damping material[J]. CIRP Annals, 1984, 33(01): 249-252.

[61] Ganguli A, Deraemaeker A, Preumont A. Regenerative chatter reduction by active damping control[J]. Journal of Sound and Vibration, 2006, 300(3-5):847-862.

[62] Meshcheriakov G N, Tuscharova L P, Meshcheriakov N G, et al. Machine-Tool Vibration Stability Depending on Adjustment of Dominant Stiffness Axes [J]. CIRP Annals, 1984, 33(01): 271-272.

[63] Ema S, Marui E. Suppression of chatter vibration of boring tools using impact dampers[J]. International Journal of Machine Tools and Manufacture, 2000, 40(08):1141-1156.

[64] Liao Y S, Young Y C. A new on-line spindle speed regulation strategy for chatter control[J]. International Journal of Machine Tools and Manufacture, 1996, 36(5): 651-660.

[65] Yang F L, Zhang B, Yu J Y. Chatter suppression with multiple time-varying parameters in turning [J]. Journal of Materials Processing Technology, 2003, 141(03):431-438.

[66] Al-Regib E, NI J, Lee S H. Programming spindle speed variation for machine tool chatter suppression[J]. International Journal of Machine Tools & Manufacture, 2003, 43(12):1229-1240.

[67] Namachchivaya S, Beddini. Spindle Speed Variation for the Suppression of Regenerative Chatter[J]. Journal of Nonlinear Science, 2003, 13(03): 265-288.

[68] Altintas Y, Engin S, Budak E. Analytical Stability Prediction and Design of Variable Pitch Cutters[J]. Journal of Manufacturing Science and Engineering, 1999, 121(02):173.

[69] Yun W S, Kim S K, Cho D W. Thermal error analysis for a CNC lathe feed drive system[J]. International Journal of Machine Tools and Manufacture, 1999, 39(07):1087-1101.

[70] Xu Z Z, Liu X J, Kim H K, et al. Thermal error forecast and performance evaluation for an air-cooling ball screw system[J]. International Journal of Machine Tools and Manufacture, 2011, 51(7-8):605-611.

[71] Xu M, Jiang S Y, Cai Y. An improved thermal model for machine tool bear-

ings［J］. International Journal of Machine Tools and Manufacture, 2007, 47 (01):53-62.

［72］Zhao H T, Yang J G, Shen J H. Simulation of thermal behavior of a CNC machine tool spindle［J］. International Journal of Machine Tools & Manufacture, 2006, 47(06):1003-1010.

［73］Creighton E, Honegger A, Tulsian A, et al. Analysis of thermal errors in a high-speed micro-milling spindle［J］. International Journal of Machine Tools and Manufacture, 2009, 50(04):386-393.

［74］蔄靖宇, 赵海涛, 杨建国. 车削中心主轴箱热误差仿真及特性分析［J］. 中国机械工程, 2009, 20(18):2182-2186.

［75］周顺生, 范晋伟, 岳中军, 等. 有限元分析在数控铣床热变形方面的研究［J］. 微计算机信息, 2005(08):58-59 +6.

［76］Zhu R, Dai S J, Zhu Y L, et al. Thermal error analysis and optimal partition method based error modeling for a machine tool［C］//2009 International Conference on Measuring Technology and Mechatronics Automation. IEEE, 2009, 3:154-159.

［77］Han J, Wang L P, Yu L Q. Modeling and Estimating Thermal Error in Precision Machine Spindles［J］. Applied Mechanics and Materials, 2010, 34-35:507-511.

［78］Wu C H, Kung Y T. Thermal analysis for the feed drive system of a CNC machine center［J］. International Journal of Machine Tools & Manufacture, 2003, 43(15):1521-1528.

［79］Yang J G, Deng W G, Ren Y Q, et al. Grouping optimization modeling by selection of temperature variables for the thermal error compensation on machine tools［J］. China Mechanical Engineering, 2004, 15(06): 478-481.

［80］Yan J Y, Yang J G. Application of synthetic grey correlation theory on thermal point optimization for machine tool thermal error compensation［J］. International Journal of Advanced Manufacturing Technology, 2009, 43(11-12):1124-1132.

［81］Wang H T, Wang L P, LI T M, et al. Thermal sensor selection for the thermal error modeling of machine tool based on the fuzzy clustering method ［J］. International Journal of Advanced Manufacturing Technology, 2013, 69(1-4):121-126.

［82］Miao E M, Gong Y Y, Dang L C, et al. Temperature-sensitive point selection of thermal error model of CNC machining center［J］. The International

Journal of Advanced Manufacturing Technology, 2014, 74(5-8): 681-691.

[83] Miao E M, Gong Y Y, Niu P C, et al. Robustness of thermal error compensation modeling models of CNC machine tools[J]. International Journal of Advanced Manufacturing Technology, 2013, 69(9-12):2593-2603.

[84] Yang J, Shi H, Feng B, et al. Applying neural network based on fuzzy cluster pre-processing to thermal error modeling for coordinate boring machine[J]. Procedia CIRP, 2014, 17: 698-703.

[85] Tan B, Mao X, Liu H, et al. A thermal error model for large machine tools that considers environmental thermal hysteresis effects [J]. International Journal of Machine Tools and Manufacture, 2014, 82(07):11-20.

[86] Abdulshahed A M, Longstaff A P, Fletcher S, et al. Thermal error modelling of machine tools based on ANFIS with fuzzy c-means clustering using a thermal imaging camera [J]. Applied Mathematical Modelling, 2015, 39(07):1837-1852.

[87] Abdulshahed A M, Longstaff A P, Fletcher S, et al. Thermal error modelling of a gantry-type 5-axis machine tool using a Grey Neural Network Model [J]. Journal of Manufacturing Systems, 2016, 41:130-142.

[88] Abdulshahed A M, Longstaff A P, Fletcher S. A novel approach for ANFIS modelling based on Grey system theory for thermal error compensation[C]// 2014 14th UK Workshop on Computational Intelligence. IEEE, 2014:1-7.

[89] Zhang T, Ye W H, Shan Y C. Application of sliced inverse regression with fuzzy clustering for thermal error modeling of CNC machine tool[J]. International Journal of Advanced Manufacturing Technology, 2015, 85(9-12): 2761-2771.

[90] Chen J S, Yuan J, Ni J. Thermal error modelling for real-time error compensation[J]. International Journal of Advanced Manufacturing Technology, 1996, 12(04):266-275.

[91] 杨庆东, C.范丹伯格, P.范赫里克, 等. 数控机床热误差补偿建模方法 [J]. 制造技术与机床, 2000(02):13-16+3.

[92] Wu H, Zhang H T, Guo Q J, et al. Thermal error optimization modeling and real-time compensation on a CNC turning center[J]. Journal of Materials Processing Technology, 2008, 207(01):172-179.

[93] Zhang Y, Yang J G, Jiang H. Machine tool thermal error modeling and prediction by grey neural network[J]. International Journal of Advanced Manufacturing Technology, 2012, 59(9-12):1065-1072.

［94］ Guo Q J, Yang J G, Wu H. Application of ACO-BPN to thermal error modeling of NC machine tool［J］. International Journal of Advanced Manufacturing Technology, 50(5-8):667-675.

［95］ Wu C W, Tang C H, Chang C F, et al. Thermal error compensation method for machine center［J］. International Journal of Advanced Manufacturing Technology, 2012, 59(5-8):681-689.

［96］ Lo C H, Yuan J X, Ni J. Optimal temperature variable selection by grouping approach for thermal error modeling and compensation［J］. International Journal of Machine Tools and Manufacture, 1999, 39(9):1383-1396.

［97］ Ramesh R, Mannan M A, Poo A N. Support Vector Machines Model for Classification of Thermal Error in Machine Tools［J］. International Journal of Advanced Manufacturing Technology, 2002, 20(2):114-120.

［98］ Ramesh R, Mannan M A, Poo A N. Thermal error measurement and modelling in machine tools. Part I. Influence of varying operating conditions［J］. International Journal of Machine Tools and Manufacture, 2003, 43(04):391-404.

［99］ Ramesh R, Mannan M A, Poo A N, et al. Thermal error measurement and modelling in machine tools. Part II. Hybrid Bayesian Network—support vector machine model［J］. 2003, 43(04):405-419.

［100］ Liang R J, Ye W H, Zhang H H, et al. The thermal error optimization models for CNC machine tools［J］. International Journal of Advanced Manufacturing Technology, 2012, 63(9-12):1167-1176.

［101］ 谭峰,殷鸣,彭骥,等.基于集成 BP 神经网络的数控机床主轴热误差建模［J］.计算机集成制造系统,2018,24(06):1383-1390.

［102］ Han J, Wang L P, Cheng N B, et al. Thermal error modeling of machine tool based on fuzzyc-means cluster analysis and minimal-resource allocating networks［J］. International Journal of Advanced Manufacturing Technology, 2012, 60(5-8):463-472.

［103］ Lee J H, Yang S H. Fault diagnosis and recovery for a CNC machine tool thermal error compensation system［J］. Journal of Manufacturing Systems, 2001, 19(6):428-434.

［104］ 马廷洪,姜磊.基于混合粒子群算法优化 BP 神经网络的机床热误差建模［J］.中国工程机械学报,2018,16(03):221-224 + 230.

［105］ 马驰,杨军,梅雪松,等.基于遗传算法及 BP 网络的主轴热误差建模［J］.计算机集成制造系统,2015,21(10):2627-2636.

[106] 葛济宾，周祖德，娄平，等．嵌入式数控机床热误差补偿装置设计与实现[J]．武汉理工大学学报，2016，38(06)：102-108．

[107] 王时龙，杨勇，周杰，等．大型数控滚齿机热误差补偿建模[J]．中南大学学报(自然科学版)，2011，42(10)：3066-3072．

[108] Liu Q, Yan J W, Pham D T, et al. Identification and optimal selection of temperature-sensitive measuring points of thermal error compensation on a heavy-duty machine tool[J]. The International Journal of Advanced Manufacturing Technology, 2016, 85(1-4):345-353.

[109] 吴昊，杨建国，张宏韬，等．精密车削中心热误差鲁棒建模与实时补偿[J]．上海交通大学学报，2008(07)：33-36+41．

[110] 林伟青，傅建中，陈子辰，等．数控机床热误差的动态自适应加权最小二乘支持矢量机建模方法[J]．机械工程学报，2009(03)：184-188．

[111] 项伟宏，郑力，刘大成，等．机床主轴热误差建模[J]．制造技术与机床，2000(11)：15-17+3．

[112] 李永祥，童恒超，曹洪涛，等．数控机床热误差的时序分析法建模及其应用[J]．四川大学学报(工程科学版)，2006(02)：74-78．

[113] 郭前建,杨建国.基于蚁群算法的机床热误差建模技术[J].上海交通大学学报,2009,43(05):803-806.

[114] 闫嘉钰，张宏韬，刘国良，等．基于灰色综合关联度的数控机床热误差测点优化新方法及应用[J]．四川大学学报(工程科学版)，2008，40(2)：160-164．

[115] 凡志磊，李中华，杨建国．基于偏相关分析的数控机床温度布点优化及其热误差建模[J]．中国机械工程，2010，21(17)：2025-2028．

[116] 李泳耀，丛明，廖忠情，等．机床热误差建模技术研究及试验验证[J]．组合机床与自动化加工技术，2016(1)：63-66．

[117] 李逢春，王海同，李铁民．重型数控机床热误差建模及预测方法的研究[J]．机械工程学报，2016，52(11)：154-160．

[118] 蔡力钢，李广朋，程强，等．基于粗糙集与偏相关分析的机床热误差温度测点约简[J]．北京工业大学学报，2016，42(07)：969-974．

[119] 马跃,王洪福,孙伟,等.基于IFCM-GRA的空间多维热误差温度测点优化[J].大连理工大学学报,2016,56(03):236-243.

[120] 邬再新，吴永伟．模糊神经网络在精密卧式加工中心热误差的预测[J]．组合机床与自动化加工技术，2017(08)：51-54．

[121] 王桂龙，于博，王征．机床热误差建模的温测点优化分析与应用研究[J]．机床与液压，2018，46(09)：125-130．

[122] 魏效玲, 张宝刚, 杨富贵, 等. 基于 GA-BP 网络的数控机床热误差优化建模研究[J]. 组合机床与自动化加工技术, 2016(12):100-102.

[123] 谢杰, 黄筱调, 方成刚, 等. MEA 优化 BP 神经网络的电主轴热误差分析研究[J]. 组合机床与自动化加工技术, 2017(06):1-4.

[124] 孙志超, 侯瑞生, 陶涛, 等. 数控车床综合热误差建模及工程应用[J]. 哈尔滨工业大学学报, 2016, 48(01):107-113.

[125] 穆塔里夫·阿赫迈德, 项伟宏, 郑力. 加工中心主轴热误差实验分析与建模[J]. 组合机床与自动化加工技术, 2002(09):17-19+22.

[126] 李书和, 张奕群, 王东升, 等. 数控机床热误差的建模与预补偿[J]. 计量学报, 1999(01):53-56.

[127] 仇健, 刘春时, 刘启伟, 等. 龙门数控机床主轴热误差及其改善措施[J]. 机械工程学报, 2012, 48(21):149-157.

[128] Test code for machine tools-Part 3: Determination of thermal effects: ISO 230-3:2007[S/OL], 2007.

[129] 孟凡文, 高连军, 张玉香, 等. 高精度电容位移传感器设计[J]. 传感器世界, 2007(03):16-17+31.

[130] 刘吕亮, 石照耀, 张敏, 等. 电感位移传感器结构特性研究[J]. 机电工程, 2014, 31(06):684-688.

[131] 要利鑫, 鲍其莲. 基于电涡流位移传感器和虚拟仪器技术的微小位移测量[J]. 测控技术, 2006(06):17-19.

[132] 张宇华, 张国雄. 五点法测定机床主轴轴向及倾角的运动误差[J]. 机械工程学报, 1999, 35(05):98-101.

[133] 杨军, 梅雪松, 赵亮, 等. 基于模糊聚类测点优化与向量机的坐标镗床热误差建模[J]. 上海交通大学学报, 2014, 48(08):1175-1182.

[134] 王洪福. 卧式加工中心主轴热误差动态检测与建模方法的研究[D]. 大连:大连理工大学, 2016.

[135] 岳红新, 石岩, 李国芹. 基于神经网络的主轴热误差补偿技术研究[J]. 制造技术与机床, 2012(03):30-32.

[136] 刘国. 机床主轴温度测点布置优化及测点数据异常自修复技术[D]. 武汉:华中科技大学, 2012.

[137] 肖传明. 精密卧式加工中心的综合动态精度设计与应用[D]. 北京:北京工业大学, 2013.

[138] Pahk H, Lee S W. Thermal Error Measurement and Real Time Compensation System for the CNC Machine Tools Incorporating the Spindle Thermal Error and the Feed Axis Thermal Error[J]. International Journal of Ad-

vanced Manufacturing Technology, 2002, 20(7):487-494.

[139] Li J W, Zhang W J, Yang G S, et al. Thermal-error modeling for complex physical systems:the-state-of-arts review[J]. International Journal of Advanced Manufacturing Technology, 2009, 42(1-2):168-179.

[140] Huang Y, Zhang J, Li X, et al. Thermal error modeling by integrating GA and BP algorithms for the high-speed spindle[J]. The International Journal of Advanced Manufacturing Technology, 2014, 71(9-12):1669-1675.

[141] Ma C, Zhao L, Mei X, et al. Thermal error compensation of high-speed spindle system based on a modified BP neural network[J]. International Journal of Advanced Manufacturing Technology, 2016, 89(9-12):1-15.

[142] Li Y, Zhao W, Wu W, et al. Boundary conditions optimization of spindle thermal error analysis and thermal key points selection based on inverse heat conduction[J]. The International Journal of Advanced Manufacturing Technology, 2017, 90(9-12):2803-2812.

[143] Jiang G D, Xia P, Yang J, et al. Thermal error modeling with dirty and small training sample for the motorized spindle of a precision boring machine[J]. International Journal of Advanced Manufacturing Technology, 2017, 93(1-4):571-586.

[144] 张晓峰. 数控机床在线检测技术[J]. 智能制造, 2005(12):69-71.

[145] 韩大勇. 数控机床线性轴定位与重复定位精度的检测[J]. 计测技术, 2008, 28(04):65-66.

[146] 涂雪飞, 易传云, 钟瑞龄, 等. 基于光栅尺的数控机床定位精度和重复定位精度检测[J]. 机械与电子, 2012(04):32-34.

[147] 惠兆峰, 白泽生. 新型数字温度传感器 DS18B20U 原理及其应用研究[J]. 延安大学学报(自然科学版), 2010, 29(01):59-61.

[148] 王桂祥. 模糊数理论及应用[M]. 北京:国防工业出版社,2011.

[149] 高新波. 模糊聚类分析及其应用[M]. 西安:西安电子科技大学出版社, 2004.

[150] 冯士雍. 回归分析方法[M]. 北京:科学出版社, 1974.

[151] 张启锐. 实用回归分析[M]. 北京:地质出版社, 1988.

[152] 周复恭, 黄运成. 应用线性回归分析[M]. 北京:中国人民大学出版社, 1989.

[153] 哈根. 神经网络设计[M]. 北京:机械工业出版社, 2002.

[154] 焦李成. 神经网络系统理论[M]. 西安:西安电子科技大学出版社, 1990.

[155] 阎平凡, 张长水. 人工神经网络与模拟进化计算[M]. 2 版. 北京:清华大学出版社, 2005.

[156] Ziegel E R, Myers R. Classical and Modern Regression with Applications [J]. Technometrics, 1991, 33(02):248.

[157] 陈希孺. 线性模型参数的估计理论[M]. 北京:科学出版社,1985.

[158] Hoerl A E, Kennard R W. Ridge Regression: Biased Estimation for Nonorthogonal Problems[J]. Technometrics, 1970, 12(01):55-67.

[159] Kennard H R W. Ridge Regression: Applications to Nonorthogonal Problems[J]. Technometrics, 1970, 12(1):69-82.

[160] 王松桂. 线性统计模型[M]. 北京:高等教育出版社,1999.

[161] Miao E M, Liu Y, Liu H, et al. Study on the effects of changes in temperature-sensitive points on thermal error compensation model for CNC machine tool[J]. International Journal of Machine Tools & Manufacture, 2015, 97:50-59.

[162] Liu H, Miao E M, Zhuang X D, et al. Thermal error robust modeling method for CNC machine tools based on a split unbiased estimation algorithm[J]. Precision Engineering, 2018, 51:169-175.

[163] Socha K, Blum C. An ant colony optimization algorithm for continuous optimization: application to feed-forward neural network training[J]. Neural Computing & Applications, 2007, 23(16):235-247.

[164] Whitley D, Starkweather T, Bogart C. Genetic algorithms and neural networks: optimizing connections and connectivity[J]. Parallel Computing, 1990, 14(03):347-361.

[165] Hippert H, Taylor J. An evaluation of Bayesian techniques for controlling model complexity and selecting inputs in a neural network for short-term load forecasting[J]. Neural Netw, 2010, 23(03):386-395.

[166] Boyd J P, Xu F. Divergence (Runge phenomenon) for least-squares polynomial approximation on an equispaced grid and Mock-Chebyshev subset interpolation[J]. Applied Mathematics and Computation, 2009, 210 (01): 158-168.

[167] 刘萍. 数值计算方法[M]. 北京:人民邮电出版社,2002.

[168] Taguchi G, Cariapa V. Taguchi on Robust Technology Development[J]. Journal of Pressure Vessel Technology, 1993, 115(03):336.

[169] Tarng Y S, Yang W H. Optimisation of the weld bead geometry in gas tungsten arc welding by the Taguchi method[J]. International Journal of

Advanced Manufacturing Technology, 1998, 14(8):549-554.

[170] Mahapatra S S, Patnaik A. Optimization of wire electrical discharge machining (WEDM) process parameters using Taguchi method[J]. International Journal of Advanced Manufacturing Technology, 2007, 34 (9-10): 911-925.

[171] Gok K, Gok A, Kisioglu Y. Optimization of processing parameters of a developed new driller system for orthopedic surgery applications using Taguchi method [J]. The International Journal of Advanced Manufacturing Technology, 2015, 76(5-8):1437-1448.

[172] 唐宝富, 钟剑锋, 顾叶青. 有源相控阵雷达天线结构设计[M]. 西安: 西安电子科技大学出版社, 2016.

[173] 任恒, 刘万钧, 洪大良, 等. 某相控阵雷达 T/R 组件热设计研究[J]. 火控雷达技术, 2015, 44(4):60-64.

[174] Li P, Duan B Y, Wang W, et al. Electromechanical Coupling Analysis of Ground Reflector Antennas Under Solar Radiation[J]. IEEE Antennas & Propagation Magazine, 2012, 54(5):40-57.

[175] 王从思, 王娜, 连培园, 等. 高频段大型发射面天线热变形补偿技术 [M]. 北京:科学出版社, 2018.

[176] 苗恩铭, 魏新园, 刘辉, 等. 有源相控阵雷达阵面热变形预测建模理论 [J]. 中国机械工程, 2018, 29(19):78-82.

[177] Wang C S, Kang M K, Wang W, et al. Coupled structural-electromagnetic modeling and analysis of hexagonal active phased array antennas with random errors[J]. AEU - International Journal of Electronics and Communications, 2016, 70(5):592-598.